Prof. Ilydio Pereira de Sá

A Magia da "Matemática"

Atividades Investigativas, Curiosidades e História da Matemática

4ª Edição

Prof. Ilydio Pereira de Sá

A Magia da "Matemática"

Atividades Investigativas, Curiosidades e História da Matemática

4ª Edição

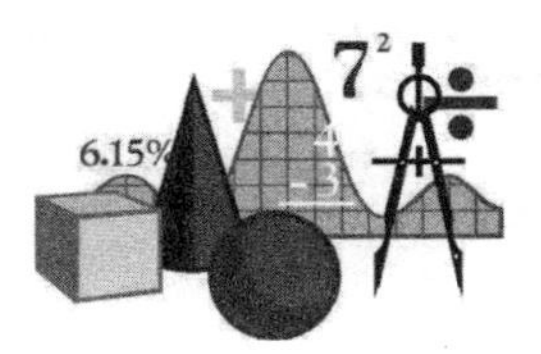

A Magia da Matemática – Atividades Investigativas, Curiosidades e Histórias da Matemática – 4ª Edição

Copyright© Editora Ciência Moderna Ltda., 2018

Todos os direitos para a língua portuguesa reservados pela EDITORA CIÊNCIA MODERNA LTDA.
De acordo com a Lei 9.610, de 19/2/1998, nenhuma parte deste livro poderá ser reproduzida, transmitida e gravada, por qualquer meio eletrônico, mecânico, por fotocópia e outros, sem a prévia autorização, por escrito, da Editora.

Editor: Paulo André P. Marques
Produção Editorial: Dilene Sandes Pessanha
Capa: Carlos Arthur Candal
Diagramação: Patrícia Seabra
Copidesque: Equipe Ciência Moderna

Várias **Marcas Registradas** aparecem no decorrer deste livro. Mais do que simplesmente listar esses nomes e informar quem possui seus direitos de exploração, ou ainda imprimir os logotipos das mesmas, o editor declara estar utilizando tais nomes apenas para fins editoriais, em benefício exclusivo do dono da Marca Registrada, sem intenção de infringir as regras de sua utilização. Qualquer semelhança em nomes próprios e acontecimentos será mera coincidência.

FICHA CATALOGRÁFICA

SÁ, Ilydio Pereira de.

A Magia da Matemática – Atividades Investigativas, Curiosidades e Histórias da Matemática – 4ª Edição

Rio de Janeiro: Editora Ciência Moderna Ltda., 2018.

1. Matemática
I — Título

ISBN: 978-85-399-0934-6 CDD 510

Editora Ciência Moderna Ltda.
R. Alice Figueiredo, 46 – Riachuelo
Rio de Janeiro, RJ – Brasil CEP: 20.950-150
Tel: (21) 2201-6662/ Fax: (21) 2201-6896
E-MAIL: LCM@LCM.COM.BR
WWW.LCM.COM.BR **03/18**

Agradecimentos

Aos professores: Geovane Nunes Dornelas (Universidade Severino Sombra) e José Roberto Julianelli (Universidade do Estado do Rio de Janeiro) – pelas sugestões e revisão.

A minha esposa, Ana Severiano, pelo incentivo constante,

A meu filho, Vinícius, pela ajuda e crítica em alguns dos textos.

Às minhas filhas, Lídia e Luciana, pelo carinho de sempre.

APRESENTAÇÃO

É com muito prazer que venho apresentar esta obra, escrita pelo Mestre em Educação Matemática pela Universidade Santa Úrsula, Professor Ilydio Pereira de Sá.

O livro retrata seu trabalho e sua experiência como Professor de Didática da Matemática e Prática de Ensino no curso de Licenciatura em Matemática da Universidade Severino Sombra – Vassouras-RJ e no Colégio de Aplicação da Universidade Estadual do Rio de Janeiro. Sendo assim, as reflexões e os procedimentos metodológicos em relação aos conteúdos de Matemática foram compilados, de forma simples e esclarecedora. Não poderia deixar de relatar o quanto foi válida a grande vivência deste nobre Mestre em Matemática, que ao longo dos anos atestou a partir de dúvidas de seus alunos e em diálogos com seus amigos professores, pontos polêmicos em relação ao ensino de Matemática.

As novas determinações curriculares que vêm pautando as reformas do ensino no Brasil têm trazido mudanças nos conteúdos e na metodologia de ensino da Matemática, em todos os níveis. Dessa forma, percebe-se que seu objetivo maior é recuperar e apresentar para muitos, atividades de Matemática há tempos esquecidas pelos livros e afastadas das salas de aula.

Ao longo de seus capítulos são apresentados desafios e atividades investigativas com números, atividades de geometria, curiosidades matemáticas e um pouco da história da Matemática; as respostas das questões propostas encontram-se ao final de cada capítulo, facilitando sua utilização na Educação Básica.

Com certeza, este livro será de grande importância na Educação Matemática, pois sem dúvida se tornará um livro de cabeceira de todos os apaixonados por Matemática.

Professor Geovani Nunes Dornelas

Diretor do Centro de Ciências, Exatas, Tecnológicas e da Natureza e

Coordenador do Curso de Licenciatura em Matemática da Universidade Severino Sombra

"Não há homens mais inteligentes do que aqueles que são capazes de inventar jogos. É aí que o seu espírito se manifesta mais livremente. Seria desejável que existisse um curso inteiro de jogos tratados matematicamente."

Leibnitz, 1715

Prefácio da 1ª Edição

O professor Júlio César de Mello e Souza, conhecido internacionalmente como Malba Tahan, pode ser considerado um dos primeiros Educadores Matemáticos brasileiros.

Ao longo de sua vida (1895 a 1974) publicou cerca de 120 livros, entre os quais livros de didática da matemática e de matemática recreativa.

As ideias que o prof Mello e Souza defendia nos indicam que já era um educador com ideias bastante avançadas para a sua época. No meio a um ensino que priorizava técnicas de cálculo, algoritmos decorados e sem significado ele já era um "estranho no ninho", o que hoje denominamos um "Educador Matemático" e que procurava apresentar uma matemática lúdica e atrativa para todos.

Dentre essas ideias, destaca-se a defesa de um ensino centrado na "resolução de problemas significativos".

Malba Tahan defendia:

- Atenção às aplicações realistas;
- Abordagem histórica da Matemática;
- Utilização de Jogos e Materiais Concretos;
- Uso e disseminação de Laboratórios de Matemática;
- Exploração de atividades lúdicas e recreativas no ensino;
- Uso de textos literários no ensino de Matemática.

Defendemos também essas ideias e temos trabalhado, há muitos anos, em classes da Escola Básica, na linha de um ensino de matemática arejado, lúdico e contextualizado. Temos comprovado que os alunos gostam dessa forma de trabalhar e que essa linha de trabalho tem gerado excelentes resultados, em todos os níveis.

Nos diversos congressos, seminários, encontros e simpósios que temos participado, percebe-se que os professores ou licenciandos também se sentem atraídos por uma prática docente similar, mas que se sentem mal preparados e sem muitas fontes para consulta. Daí a ideia desse trabalho – selecionar e comentar atividades, jogos, textos, desafios, curiosidades, aplicações matemáticas que possam ser utilizadas nas mais distintas classes da Educação Básica.

Várias dessas atividades podem ser encontradas em outros livros, jornais, revistas ou mesmo circulando pela Internet. A contribuição que pretendemos dar é que todas elas sejam comentadas, analisadas à luz da matemática envolvida e com sugestões de como encaminhar cada uma delas na sala de aula.

Nosso laboratório de pesquisa tem sido a sala de aula, ao longo de mais de 30 anos de magistério. Temos também participado de alguns grupos de pesquisa, com alunos dos cursos de licenciatura em matemática das Universidades Severino Sombra e do Estado do Rio de Janeiro, onde as atividades são discutidas, analisadas e testadas.

É natural que nossos alunos sintam mais prazer quando estão envolvidos em atividades desafiadoras e que permitam a descoberta. É o que chamamos de heurística. Para isso precisam de estímulo, de motivação, de provocação. E é para isso que todo o material que selecionamos, adaptamos ou criamos foi desenvolvido.

É claro que o material poderá também ser usado por estudantes em geral que se interessem por matemática, que gostem de saber o porque das coisas estudadas em matemática, que gostem de desafios. Podemos dizer que é também adequado às pessoas que sempre tiveram dificuldades em aprender matemática, exatamente pelos motivos que já comentamos anteriormente.

Dividimos o trabalho em três capítulos, num total de 45 tópicos:

- **1 – atividades investigativas com números**, onde apresentamos curiosidades, truques, desafios e dicas, envolvendo números, suas operações e álgebra elementar.
- **2 – atividades investigativas geométricas,** onde apresentamos curiosidades, truques, desafios e dicas, envolvendo Geometria Euclidiana;
- **3 – curiosidades matemáticas, temas interessantes da história da matemática e atividades para sala de aula**, onde vários fatos interessantes são apresentados, relacionados à História da Matemática, ao cotidiano das pessoas ou a temas de matemática que, por sua importância, não

podem ser esquecidos. Apenas o último tópico do terceiro capítulo vai depender de algum conhecimento matemático mais específico e é recomendado a professores, licenciandos de matemática ou pessoas com, pelo menos, o Ensino Médio.

Ao final de cada capítulo você vai encontrar as respostas comentadas de todas as atividades propostas. No final do livro, apresentamos sugestões bibliográficas onde vários dos temas abordados são discutidos e você, caso tenha interesse, poderá ampliar seus conhecimentos.

Estamos também desenvolvendo um site da Internet, denominado "*A Magia da Matemática*", onde você encontrará diversas atividades lúdicas, sugestões de aula, apostilas, software livres e textos de apoio. O endereço é http://magiadamatematica.com e todos terão acesso livre.

Todas as críticas e sugestões serão bem vindas.

Rio de Janeiro, Janeiro de 2008.

Ilydio Pereira de Sá

Prefácio da 4ª Edição

É com muito prazer que oferecemos ao leitor a 4ª edição do "Magia da Matemática: Atividades Investigativas, Curiosidades e Histórias da Matemática". Algumas atualizações e correções foram feitas neste que tem se mostrado um livro importante na apresentação do lado provocativo, lúdico a agradável da Matemática.

Agradeço a todos pelo grande apoio recebido. Agradeço, particularmente, ao professor Rafael Procópio, que tem feito importante divulgação deste trabalho em seus canais na Internet.

Comentários, críticas e sugestões continuam sempre muito bem-vindos! Boa leitura!

Rio de Janeiro, julho de 2017

Ilydio Pereira de Sá

www.magiadamatematica.com

SUMÁRIO

CAPÍTULO 1

CAPÍTULO 2

CAPÍTULO 3

CAPÍTULO 1

Atividades Investigativas com Números

Vamos apresentar aqui algumas atividades, jogos, truques ou desafios envolvendo números, suas operações e álgebra elementar. O importante é que tais atividades sejam trabalhadas e investigadas, resistindo à tentação inicial de olhar as respostas e comentários ao final do capitulo.

A tentativa e o erro são muito importantes no processo de aprendizagem. Numa atividade de investigação matemática o resultado é importante, mas, muito mais importante que a resposta é o caminho percorrido para encontrá-la.

ATIVIDADE 1: USE A DIVISÃO PARA SURPREENDER

Com certeza todos irão se surpreender com essa atividade envolvendo divisões. O professor terá aqui uma excelente oportunidade de provocar seus alunos, na tentativa de descobrirem o que há por trás dessa “brincadeira”. É também uma atividade interessante para o uso de calculadoras, já que o que se pretende com ela não é focar o algoritmo da divisão.

Peça a um aluno para escrever, numa folha de papel, qualquer número de 3 algarismos. Em seguida, peça que ele repita ao lado *o mesmo número*, formando assim um número de 6 algarismos. Por exemplo, se ele escreveu 572, ficará com o número 572 572.

Solicite que ele entregue o papel, com o número de 6 algarismos a outro colega e peça a este colega para dividir o número por 7. O aluno poderá até comentar **que *talvez a divisão não dê exata. Diga a ele que dará,*** com certeza.

Peça que anote num outro papel o quociente dessa divisão por 7 e que passe para outro colega, pedindo a esse colega que divida esse novo número por 11. Informe que não precisa se preocupar, pois essa divisão também será exata. Quando ele terminar o cálculo, peça que anote o resultado num outro papel e que entregue a outro colega de classe.

Finalmente, solicite agora que terceiro aluno divida o novo número por 13, já informando que a conta será exata novamente. Peça que ele escreva o resultado numa folha de papel, dobre o papel sem olhar o número e entregue ao primeiro aluno que participou da brincadeira, avisando que ali estava escrito o número escolhido por ele inicialmente. Quando ele abrir o papel, lá estará o primeiro número de 3 algarismos que ele havia escolhido, para espanto de todos.

Por que será que isto aconteceu?

Faça as suas análises e investigações e depois verifique a resposta no final desse capítulo.

Essa atividade pode também ser desenvolvida entre seus amigos ou pessoas de sua família. Todos ficarão curiosos para saber a "mágica" que existe por trás dela.

> *"Um bom conselho certamente é sempre ignorado, mas não há razão para não o dar".*
>
> ***Agatha Christie***

ATIVIDADE 2: OS NÚMEROS TELEFÔNICOS

Vamos apresentar agora uma dessas brincadeiras que circulam pela Internet. Trata-se de uma sequência de cálculos envolvendo os números telefônicos das pessoas. Recebi essa mensagem por e-mail e, no final da mesma, vinha escrito...*"**a matemática tem coisas que nem Pitágoras explicaria**"* Será?

Essa atividade foi formatada para números telefônicos de oito dígitos. Se desejar realizar para números com nove dígitos (como em alguns celulares), ignore o dígito inicial e efetue os cálculos apenas com os demais dígitos.

Pegue uma calculadora e siga todas as instruções seguintes:

1. Digite os 4 primeiros algarismos do número de seu telefone.
2. Multiplique esse número de 4 algarismos por 80.
3. Some 1 ao produto obtido.
4. Multiplique por 250 o resultado **encontr**ado anteriormente.
5. Some a esse resultado o número formado agora pelos 4 últimos algarismos do mesmo telefone.
6. Some novamente ao resultado obtido anteriormente, o mesmo número formado pelos 4 últimos algarismos do mesmo telefone.
7. Diminua 250 do resultado anterior.
8. Finalmente divida por 2 esse resultado obtido.

Que número você obteve? Por que será que ocorreu isto?

ATIVIDADE 3: QUAL A IDADE?

Vou adivinhar agora a sua idade e a de um familiar seu (à sua escolha). Quer ver? Recomendo que você use uma calculadora.

1º Escreva o nome e a idade desse seu familiar (número com dois dígitos. Caso seja uma criança, represente por 03, 05....etc.).

2º Multiplique essa idade (do familiar) por dois.

3º Some cinco unidades ao resultado obtido.

4º Agora, multiplique o novo resultado por 50.

5º Se este ano (2017) **você** já fez aniversário, some 1767 ao produto obtido, caso ainda não aniversariou, some 1766.

6º Finalmente, subtraia dessa última soma o ano do **seu** nascimento (cuidado, não é o nascimento do seu familiar).

Você obteve um número de q**uatro algarismos. Os dois primeiros indicam a idade do familiar escolhido e os dois últimos a sua idade.** Certo? Está surpreso? Como isso se explica?

OBS: Caso você queira aplicar essa atividade nos anos posteriores a 2017, basta acrescentar uma unidade para cada ano passado de 2017, aos números somados no passo número 5 dessa atividade (1767, 1768, 1769, ...)

Dê um peixe a uma pessoa, e ela se alimenta por um dia; ensine-a a pescar, e ela se alimentará a vida inteira.

LAO-TSE

ATIVIDADE 4: LEITOR DE MENTES ...

- Pense num número de dois dígitos (ex: 54)
- Subtraia desse numero os seus dois dígitos (ex: 54 - 5 - 4 = 45)
- Olhe na tabela abaixo, o símbolo corresponde a este resultado (45) (à sua direita).
- Vou descobrir o símbolo que você olhou...

99	◆	98	❀	97	⚐	96	⌖	95	☠	94	✋	93	●	92	⚐	91	💣	90	⌘
89	☼	88	♋	87	♌	86	☼	85	⌛	84	☼	83	❖	82	♋	81	♉	80	❖
79	❀	78	❖	77	♓	76	☺	75	□	74	⑤	73	💣	72	♉	71	□	70	♉
69	☺	68	◆	67	💣	66	⌘	65	■	64	♋	63	♉	62	✝	61	✝	60	◆
59	❖	58	❖	57	♋	56	⌘	55	✝	54	♉	53	❍	52	☠	51	♉	50	♋
49	☺	48	✝	47	⊠	46	❖	45	♉	44	⌖	43	♎	42	♓	41	♓	40	♉
39	💣	38	✋	37	☠	36	♉	35	⌛	34	💧	33	⌘	32	■	31	♈	30	♌
29	♋	28	❍	27	♉	26	□	25	✋	24	□	23	◆	22	❖	21	⌘	20	●
19	❀	18	♉	17	☼	16	❍	15	■	14	■	13	♌	12	♈	11	□	10	♉
9	♉	8	♉	7	♓	6	☺	5	✝	4	⊠	3	⌛	2	⊠	1	✋	0	♉

Se você seguiu corretamente as instruções dadas, ao lado do resultado obtido está a imagem ♉. Como será que acertei???

Vamos tentar novamente... Você deve escrever um outro número natural de dois algarismos e, desse número, subtrair os valores absolutos de cada um desses algarismos. Se você escolhesse o número 34, teria que subtrair 34 – 3 – 4 = 27.

Tente novamente com outro número e olhe na próxima cartela.

99	♈	98	♎	97	❖	96	✋	95	◆	94	☐	93	💣	92	♈	91	⌛	90	✞
89	💣	88	❀	87	⊠	86	♓	85	⊠	84	✦	83	♋	82	♈	81	♎	80	♋
79	♓	78	⊠	77	☠	76	✞	75	♌	74	♓	73	♌	72	♎	71	☠	70	✞
69	⌛	68	❍	67	♓	66	■	65	♌	64	✞	63	♎	62	⊠	61	●	60	💧
59	♎	58	♐	57	♐	56	✞	55	♋	54	♎	53	💧	52	❖	51	♎	50	💣
49	✞	48	☠	47	🏳	46	♈	45	♎	44	⌛	43	✋	42	◆	41	💧	40	💧
39	☼	38	◆	37	⌘	36	♎	35	♉	34	⌛	33	❀	32	♈	31	●	30	♈
29	✋	28	✋	27	♎	26	☠	25	■	24	❀	23	⌛	22	●	21	⊠	20	❍
19	✦	18	♎	17	✞	16	💣	15	✋	14	☼	13	⌘	12	⌘	11	♋	10	♈
9	♎	8	✋	7	💧	6	♎	5	🏳	4	♐	3	❖	2	■	1	♌	0	♎

Se você seguiu, novamente as instruções, estará vendo agora, ao lado do resultado de suas contas, a imagem ♎. Surpreso??

Que tal uma nova tentativa? Pense em outro número, siga as instruções e olhe na cartela abaixo a imagem que aparece ao lado de sua resposta...

99	❽	98	❀	97	🏳	96	✦	95	☠	94	✍	93	●	92	🏳	91	💣	90	✪
89	☪	88	♋	87	♌	86	☪	85	⌛	84	☪	83	☎	82	♋	81	☺	80	☎
79	❀	78	☎	77	♓	76	☺	75	☐	74	♦	73	💣	72	☺	71	☐	70	✠
69	☺	68	❽	67	💣	66	✪	65	♦	64	♋	63	☺	62	✞	61	✞	60	❽
59	☎	58	☎	57	♋	56	✪	55	✞	54	☺	53	❍	52	☠	51	♉	50	♋
49	☺	48	✞	47	⊠	46	☎	45	☺	44	✦	43	♎	42	♓	41	♓	40	✠
39	💣	38	✍	37	☠	36	☺	35	⌛	34	✠	33	✪	32	♦	31	♈	30	♌
29	♋	28	❍	27	☺	26	☐	25	✍	24	☐	23	❽	22	☎	21	✪	20	●
19	❀	18	☺	17	☪	16	❍	15	♦	14	♦	13	♌	12	♈	11	☐	10	✠
9	☺	8	♉	7	♓	6	☺	5	✞	4	⊠	3	⌛	2	⊠	1	✍	0	✠

Agora você, com certeza (se não errou as contas, é claro), está vendo a imagem ☺.

Vamos tentar mais uma vez (talvez eu tenha acertado na sorte).

Escreva um outro número de dois algarismos, siga novamente as instruções do jogo e procure na cartela a figura que está à direita do resultado que você obteve após as subtrações.

99	❍	98	♋	97	♐	96	♐	95	❖	94	♈	93	☼	92	🌢	91	●	90	♓
89	✋	88	♈	87	☠	86	✋	85	💣	84	■	83	💣	82	💣	81	✋	80	💣
79	♎	78	⌛	77	□	76	🏳	75	❍	74	❁	73	✋	72	✋	71	●	70	♌
69	♓	68	◆	67	❍	66	⌖	65	♓	64	⌖	63	✋	62	♎	61	☠	60	☼
59	♎	58	◆	57	❖	56	💣	55	☠	54	✋	53	⌘	52	❖	51	🏳	50	♎
49	♎	48	✞	47	♐	46	❖	45	✋	44	☒	43	🌢	42	☠	41	◆	40	♌
39	❁	38	☒	37	●	36	✋	35	❁	34	☺	33	❁	32	●	31	♈	30	♉
29	♐	28	●	27	✋	26	☺	25	❍	24	⌛	23	♓	22	🌢	21	❁	20	❄
19	⌛	18	✋	17	❖	16	💣	15	✋	14	■	13	♐	12	⌖	11	⌖	10	❄
9	✋	8	⌖	7	●	6	✋	5	■	4	☼	3	♉	2	✞	1	■	0	✋

Se você fez direitinho, na cartela, ao lado do seu resultado, você está olhando para a imagem:

Como isso é possível?

ATIVIDADE 5: ADIVINHANDO AS DATAS

Divertimento com Calendários

(Um quebra-cabeça matemático divertido jogar com seus amigos e como motivação para aulas sobre equações do primeiro grau)

Tome ***qualquer*** calendário. Peça para um amigo ou aluno escolher 4 dias que formam um quadrado como os quatro pintados abaixo. Seu amigo deve somá-los e lhe informar o resultado que obteve com essa soma. Assim que ele lhe disser o resultado, você poderá descobrir quais são os quatro dias que ele escolheu.

JANEIRO 2006						
D	S	T	Q	Q	S	S
1	2	3	4	5	6	7
8	9	10	11	12	13	14
15	16	17	18	19	20	21
22	23	24	25	26	27	28
29	30	31				

Como o quebra-cabeça funciona? Este quebra-cabeça é uma aplicação curiosa do uso da matemática.

Suponha que a pessoa tivesse escolhido os 4 números acima assinalados. A soma deles será 104, verifique que sempre vai dar um múltiplo de 4....e....se você dividir a soma que ela obteve por 4 e , em seguida subtrair 4 do quociente obtido, encontrará sempre o primeiro número escolhido, verifique. Para obter os demais, basta somar 1, 7 e 8 ao primeiro. Por que tal fato sempre ocorre?

> *"Embora ninguém possa voltar atrás e fazer um novo começo, qualquer um pode começar agora e fazer um novo fim."*
>
> ***Chico Xavier***

ATIVIDADE 6: BRINCANDO COM DADOS

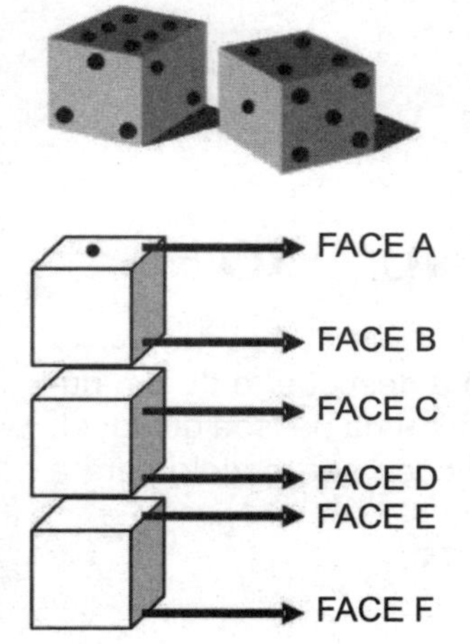

Peça a uma pessoa para colocar três dados alinhados (um sobre o outro). Olhe apenas o número que está na face superior do primeiro dado (face A) e imediatamente diga qual será o valor da soma das cinco faces opostas, alinhadas com a face A, ou seja, face B + face C + face D + face E + face F.

Se o número da face A (como na figura abaixo) é igual a 1, você, imediatamente vai dizer que a soma dos números dessas 5 faces será igual a 20 (verifique). Como será que isso funciona?

ATIVIDADE 7: UM TRUQUE COM CARTAS

Nas férias de Natal, a família Andrezinho, em Vassouras (Rio de Janeiro), passava uma tarde animada depois do "enterro dos ossos". Entre vários jogos, o tio Sérgio propôs o seguinte jogo de cartas, ao sobrinho:

– Andrezinho, toma o baralho de cartas e faça três *montinhos* com o mesmo número de cartas. Andrezinho colocou 10 cartas em cada *montinho*.

– Escolha um número, inferior ao número de cartas de cada montinho, retire esse número de cartas, de cada um dos *montinhos* das pontas, colocando--as no *montinho* do meio. Anote essa quantidade, pois vou precisar dessa informação no final.

Andrezinho escolheu o número 4 e retirou então 4 cartas de cada um dos *montinhos* laterais, colocando essas cartas (oito) no *montinho* do meio.

– Agora, retire do *montinho* do meio o mesmo número de cartas que se encontra em cada um dos *montinhos* da ponta.

Andrezinho, como sabia que somente tinham ficado 6 cartas em cada um dos *montinhos* laterais, retirou 6 cartas do *montinho* do meio.

– Diga-me agora o número que você escolheu no início, disse o tio Sérgio.

Andrezinho respondeu, é claro, **quatro**.

O tio Sérgio concentrou-se e disse:

– No *montinho* do meio estão **12 cartas**.

O tio de Sérgio acertou. Como ele faz isso?

ATIVIDADE 8: DESCOBRINDO O NÚMERO PENSADO

Existem diversas adivinhações sobre a descoberta de um número que foi pensado pelo aluno ou por uma pessoa qualquer. Vamos mostrar aqui uma delas, que pode ser modelo para a criação de várias outras similares.

Convide a pessoa (ou seu aluno) a pensar em um número qualquer. Esse número deverá ser usado em uma sequência de operações, mostradas a seguir:

1. multiplicar o número pensado por 5;
2. somar 8 ao resultado;
3. multiplicar por 4;
4. somar 6;
5. multiplicar por 5

Se a pessoa disser que o resultado final foi 790, você prontamente dirá que ele pensou no número 6. Se ele disser que o resultado final foi 1390, você dirá, imediatamente, que ele pensou no número 12.

Por que será? Tente descobrir como funciona esse "truque".

"Aquele que tentou e não conseguiu é superior àquele que nada tentou."

Bud Wilkinson

ATIVIDADE 9: A CARTA SORTEADA

Um outro jogo de adivinhação, semelhante ao anterior, pode ser feito usando as cartas de um baralho. Seria uma atividade interessante para alunos do Ensino Fundamental, como aplicação de operações numéricas e com expressões algébricas.

Distribua uma carta de baralho para cada aluno da turma, escreva no quadro a seguinte convenção numérica:

	2	3	...	10	Valete	Dama	Rei	Ás
Valor da carta	2	3	...	10	11	12	13	14
Valor do naipe	Paus (♣) = 1	Espadas (♠) = 2	Ouros (♦) = 3	Copas (♥) = 4				

Em seguida, peça que os alunos efetuem as operações, geradas pela seguinte sequência de instruções:

1. multiplicar por 2 o valor da carta;
2. somar 4 ao resultado obtido;
3. multiplicar a soma obtida por 5;
4. somar o valor do naipe da carta.

Para descobrir a carta de cada aluno você terá apenas que subtrair 20 do resultado que ele obteve, em seguida separe com um ponto o algarismo final (o das unidades). Esse algarismo indicará o naipe da carta e o número formado pelos demais algarismos, indicará a carta do aluno.

Exemplo: Vamos supor que a carta sorteada por um dos alunos seja um rei de ouros.

Naipe = ouros = 3

Carta = rei = 13

Operações pedidas:

1. 13 x 2 = 26
2. 26 + 4 = 30
3. 30 x 5 = 150
4. 150 + 3 = 153

Subtraindo 20 desse resultado, teremos: 153 – 20 = 133. Separando o algarismo das unidades, temos: 13.3. O três indica que a carta é de ouros e o 13 indica que é um rei.

Como se justifica tal fato?

ATIVIDADE 10: INVESTIGANDO QUADRADOS PERFEITOS

É claro que, com o desenvolvimento das calculadoras, não devemos enfatizar que nossos alunos saibam, de forma decorada e sem significado, calcular o valor de raízes quadradas de números naturais, por exemplo. Ainda nos dias de hoje, em pleno século XXI, sérias discussões têm ocorrido sobre o uso das calculadoras em sala de aula.

Sobre o tema **raiz quadrada**, existem ricas atividades investigativas que podem gerar procedimentos interessantes para esse cálculo, ao mesmo tempo que permitem também relembrar importantes propriedades dos números naturais. Vamos aqui exibir duas dessas atividades, que permitem saber se o número natural dado é um quadrado perfeito e, ao mesmo tempo, determinar a sua raiz quadrada.

As duas técnicas que mostraremos, por sua simplicidade, poderão ser trabalhadas já nas classes do Ensino Fundamental, associadas a outros temas tradicionais, como divisores de um número natural.

Subtraindo os números ímpares

Uma forma de verificarmos se um número é quadrado perfeito (ou simplesmente quadrado) é subtraindo-o, sucessivamente da sequência dos números ímpares. Se chegarmos ao resultado zero, o número em questão é quadrado perfeito e o número de subtrações feitas é exatamente o valor da raiz quadrada desse número.

Exemplos:

a. 16

$16 - 1 = 15$

$15 - 3 = 12$

$12 - 5 = 7$

$7 - 7 = 0$

Logo, o número 16 é um quadrado perfeito e a raiz quadrada de 16 é exatamente 4 (o número de subtrações que fizemos).

b. 36

$36 - 1 = 35$

$35 - 3 = 32$

$32 - 5 = 27$

$27 - 7 = 20$

$20 - 9 = 11$

$11 - 11 = 0$,

Logo, o número 36 é um quadrado perfeito e sua raiz quadrada é igual a 6 (número de subtrações feitas).

c. 30

$30 - 1 = 29$

$29 - 3 = 26$

$26 - 5 = 21$

$21 - 7 = 14$

$14 - 9 = 5$

$9 - 11 \neq 0$

Logo, o número 30 **NÃO** é um quadrado perfeito.

O procedimento acima não exigiu o conhecimento de operações matemáticas mais complexas, além da subtração. Como esse fato se justifica?

Através dos divisores naturais do número investigado

Vejamos agora um outro procedimento, para a mesma verificação vista no item anterior (se o número investigado é um quadrado perfeito) sendo que, usando agora os divisores naturais desse número.

> *"Todo quadrado perfeito tem uma quantidade ímpar de divisores naturais. Ordenando tais divisores de forma crescente, o valor da raiz quadrada do número investigado é exatamente o número que se encontra no centro dessa sequência."*

Vejamos alguns exemplos:

a. 49

Os divisores naturais de 49 são: 1, 7, 49. Como são 3 divisores (uma quantidade ímpar), o número 49 é quadrado perfeito. O termo que está no centro da sequência ordenada dos divisores é o 7, logo, a raiz quadrada de 49 é igual a 7.

b. 64

Os divisores naturais de 64 são: 1, 2, 4, 8, 16, 32, 64. Como são 7 divisores (uma quantidade ímpar), o número 64 é quadrado perfeito. O termo que está no centro da sequência ordenada dos divisores é o 8, logo, a raiz quadrada de 64 é igual a 8.

Qual a justificativa desse "truque"?

"Não é que eu tenha medo de morrer.

É que eu não quero estar lá quando isto acontecer".

Woody Allen

ATIVIDADE 11: ADIVINHO INDISCRETO

Esta atividade pode ser desenvolvida numa sala de aula ou diante de um grupo de amigos ou ainda numa feira de ciências, por exemplo. Diga ao grupo que irá adivinhar a idade de todas as pessoas, desde que elas indiquem, entre 6 cartelas apresentadas, em quais delas a idade dela se encontra. Imediatamente, após a pessoa dar a resposta, você já diz a sua idade.

O susto é grande e você sempre vai acertar. Entre os amigos, sucesso imediato...é Mágica...em sala de aula, uma grande oportunidade de introduzir um importante conceito da matemática elementar.

As cartelas que você deve usar são as seguintes:

A		B		C		D		E		F	
1		2		4		8		16		32	
3	35	3	35	5	37	9	41	17	49	33	49
5	37	6	38	6	38	10	42	18	50	34	50
7	39	7	39	7	39	11	43	19	51	35	51
9	41	10	42	12	44	12	44	20	52	36	52
11	43	11	43	13	45	13	45	21	53	37	53
13	45	14	46	14	46	14	46	22	54	38	54
15	47	15	47	15	47	15	47	23	55	39	55
17	49	18	50	20	52	24	56	24	56	40	56
19	51	19	51	21	53	25	57	25	57	41	57
21	53	22	54	22	54	26	58	26	58	42	58
23	55	23	55	23	55	27	59	27	59	43	59
25	57	26	58	28	60	28	60	28	60	44	60
27	59	27	59	29	61	29	61	29	61	45	61
29	61	30	62	30	62	30	62	30	62	46	62
31	63	31	63	31	63	31	63	31	63	47	63
33		34		36		**40**		48		**48**	

Dica

A obtenção dessa idade é feita simplesmente somando-se os **primeiros números** de cada um dos cartões onde ela foi encontrada.

Veja um exemplo: Suponha que D. Maria tenha 45 anos. Verifique que a sua idade estará nos cartões A, C, D, F. Veja que a soma 1 + 4 + 8 + 32 (primeiro número de cada cartão que ela indicou) dará exatamente a idade de D. Maria, 45 anos.

Cabe lembrar que tal "mágica" está relacionada com a representação de um número natural no sistema binário. Como será isso?

OBS.:

As cartelas elaboradas acima servirão para pessoas de até 63 anos. É claro que poderíamos ampliar essa faixa de idade, acrescentando mais números nas cartelas, de acordo com a mesma lei de formação.

"Não é triste mudar de ideias, triste é não ter ideias para mudar."

Barão de Itararé

ATIVIDADE 12: COM QUEM ESTÁ?

Este truque requer três pequenos objetos que possam ser colocados no bolso de uma pessoa – um botão, uma chave, um dado, por exemplo. Para a brincadeira devemos convidar três pessoas ou alunos.

Precisaremos também de um prato ou uma caixa, com 24 palitos, feijões ou outra coisa similar.

O truque consiste em pedir que cada um dos três participantes coloque no bolso um desses três objetos. Isto deverá ser feito na sua ausência ou com você de costas para o grupo. Em seguida, você entra na sala ou apenas se coloca de frente para eles e, para espanto de todos, acerta qual o objeto que está no bolso de cada um.

Para que a adivinhação se concretize você deverá entregar um dos feijões (por exemplo) ao primeiro, dois ao segundo e três ao terceiro participante. Em seguida você deverá sair novamente da sala, ou virar-se de costas, pedindo que o que tinha escondido o botão retire da caixa tantos feijões quantos você já tinha lhe dado inicialmente. Ao que recebeu a chave, peça que retire o dobro dos feijões que recebeu e ao que recebeu o dado, peça que retire o quádruplo dos feijões que recebeu de você.

Os feijões que sobrarem devem permanecer na caixa ou no prato.

Assim que fizerem as retiradas dos feijões eles devem chamá-lo de volta à sala ou pedir que você se volte para o grupo novamente. O impacto da brincadeira surge quando você olha os feijões restantes no prato e, em seguida, revela ao grupo o objeto que cada um dos três tem escondido no bolso.

Esse truque está baseado na quantidade de feijões que sobraram e essa contagem você sempre poderá fazer facilmente, já que sobrarão sempre de um a sete feijões.

Como isso é possível?

> *"Um bom líder é a pessoa que fica com um pouco mais na divisão da culpa e com um pouco menos na divisão dos créditos".*
>
> ***John C. Maxwell***

ATIVIDADE 13: QUADRADOS MÁGICOS

Muito se tem escrito sobre quadrados mágicos. Muitas regrinhas práticas foram determinadas. Muitas curiosidades existem sobre esse tema. O que nem sempre é feito é demonstrar, matematicamente, essas propriedades.

É um tema muito interessante, estimulante e que desafia o aluno a completar um quadrado numérico com os números que faltam. Muitas propriedades importantes podem ser trabalhadas, juntamente com a atividade lúdica dos quadrados mágicos.

O que é um quadrado mágico? É um quadrado numérico, subdividido em linhas e colunas, como uma matriz, e que possui a característica de que a soma de todos os números de cada linha, de cada coluna ou de cada diagonal, tem sempre o mesmo valor.

A matriz que constitui o quadrado mágico será de ordem **n** $(n \geq 3)$ e só poderemos colocar nas células dessa matriz números inteiros de 1 até n^2, sem repeti-los. Logo, num quadrado mágico de ordem 3, só poderemos usar no seu preenchimento números de 1 a 9.

Durante muitos séculos varias pessoas sentiram-se atraídas pelos quadrados mágicos, mantendo mesmo, muitas vezes, uma ligação mística ou sobrenatural. Algumas escavações arqueológicas revelaram a sua existência em antigas cidades da Ásia, sendo que o registro mais antigo que se tem é de 220 a.C, na China. Diz a lenda que o quadrado mágico, que na China era chamado de *lo-shu,* foi visto pela primeira vez no casco de uma tartaruga sagrada, pelo imperador Yu, nas margens do rio Amarelo.

No mundo ocidental a primeira referência que se tem é em 130 d.C, na obra de Téon de Esmirna, que hoje é a cidade de Izmir. Por volta do século

IX os árabes usaram os quadrados mágicos na Astrologia e na feitura de horóscopos.

Na Europa, na Idade Média, os quadrados mágicos eram considerados uma proteção contra a peste. No extremo Oriente, vendiam-se quadrados mágicos nos mercados como proteção contra as doenças e os espíritos malignos. As pessoas acreditavam que, quanto maior fosse o quadrado (isto é, quanto mais números fossem usados), maior seria a sua proteção. Desta forma, os quadrados maiores eram sempre mais caros.

Os quadrados mágicos talvez sejam um dos temas mais abordados em todos os livros de matemática recreativa em todo o mundo.

> *"As pessoas podem ser divididas em três grupos: os que fazem as coisas acontecerem, os que olham as coisas acontecerem e os que ficam se perguntando o que foi que aconteceu"*
>
> ***H. Jackson Brown***

Benjamin Franklin
(1706-1790)

Benjamim Franklin gastou um tempo considerável de seus estudos elaborando regras para a construção de quadrados mágicos.

Franklin, nos intervalos entre a política e a ciência, sempre arranjava tempo para algo que gostava muito: os desafios matemáticos. Ele inventou três "quadrados mágicos", abaixo temos um de seus quadrados, de ordem 8.

52	61	04	13	20	29	36	45
14	03	62	51	46	35	30	19
53	60	05	12	21	28	37	44
11	06	59	54	43	38	27	22
55	58	07	10	23	26	39	42
09	08	57	56	41	40	25	24
50	63	02	15	18	31	34	47
16	01	64	49	48	33	32	17

Os quadrados de Franklin eram similares aos que já existiam só que mais difíceis de fazer. Nos seus quadrados mágicos, a soma nas diagonais é "entortada". Além disso, a soma dos números dos quatro cantos com os das quatro casas centrais também dão o mesmo resultado. Nesse exemplo, a soma "mágica" é 260.

Recentemente, Maya Ahmed, uma estudante de pós-graduação da Universidade da Califórnia, encontrou um caminho para gerar várias combinações de números que formam quadrados como o de Franklin. A fórmula foi capaz de gerar os próprios quadrados que Franklin havia descoberto ninguém sabe como, pois no seu tempo ele não contava com computadores e a matemática sofisticada de hoje. Segundo Ahmed, é possível criar 228 trilhões desses quadrados mágicos de 8 linhas por 8 colunas.

À primeira vista a descoberta pode parecer mera curiosidade, mas ela pode ser útil na construção de programas de computador para gestão de negócios em empresas aéreas, por exemplo, que precisam planejar seus vôos e escalar tripulações.

Fonte: Revista Eureka / Galileu – Editora Globo

"Nunca ande pelo caminho traçado, pois ele conduz somente até onde os outros foram."

Alexandre Graham Bell

Vejamos mais dois exemplos:

8	1	6
3	5	7
4	9	2

Ao lado temos um quadrado mágico, de 3ª ordem (3 linhas e 3 colunas), cuja soma mágica é igual a 15. Note que a soma dos números de uma mesma linha, de uma mesma coluna ou de uma mesma diagonal é sempre igual a 15.

15	10	3	6
4	5	16	9
14	11	2	7
1	8	13	12

Ao lado temos um quadrado mágico, de 4ª ordem (4 linhas e 4 colunas), cuja soma mágica é igual a 34. Note que a soma dos números de uma mesma linha, de uma mesma coluna ou de uma mesma diagonal é sempre igual a 34.

Por conta também do uso de quadrados mágicos na astrologia, a soma mágica era também chamada, na antiguidade, de **soma planetária**.

No século XVI a Europa já conhecia os quadrados mágicos. Muitos acreditavam que eles eram amuletos que protegiam as pessoas dos perigos da era das trevas.

O artista alemão Albrecht Dürer, que era pintor, gravador e ilustrador, usou, numa de suas mais famosas obras, um quadrado mágico (4 por 4) que apresentava a curiosidade de exibir em sua última linha, o próprio ano em que a obra havia sito produzida – 1514.

Dürer – autoretrato (Fonte: wikipedia – enciclopédia virtual livre)

Essa obra, de 1514 é uma gravura em cobre e é a obra Melancolia. Apresentamos abaixo o quadrado mágico (de ordem 4) que aparece na obra, bem como a indicação de sua localização na gravura. Consta ser a primeira vez, na arte européia que um quadrado mágico foi utilizado. Observe na última linha a curiosidade da existência dos números 15 e 14, que formavam o ano 1514.

Nesse quadrado mágico, todas as linhas (as duas diagonais principais, qualquer fila horizontal e qualquer fila vertical) dá uma soma constante, neste caso 34. E, na realidade este quadrado é mais que mágico ele é dito pandiagonal, isto é, se suas diagonais menores continuarem no outro lado do quadrado (como se o papel fosse dobrado cilindricamente) a soma também resultará 34!

16	3	2	13
5	10	11	8
9	6	7	12
4	15	14	1

Melancholia, Dürer, 1514

Vamos agora nos deter em algumas propriedades dos quadrados mágicos. Algumas são gerais e outras serão específicas dos quadrados mágicos de 3ª ordem (que escolhemos para nosso estudo mais detalhado). Usaremos quadrados mágicos com números naturais, mas nada impede que sejam feitas atividades com quadrados mágicos em outro universo numérico.

1ª propriedade:

Num quadrado mágico de ordem ímpar, a soma de dois números eqüidistantes do centro é sempre a mesma. Tal fato pode se verificar nas linhas, colunas ou diagonais. É claro que essa soma dos termos eqüidistantes (chamados de complementares) será igual à diferença entre a soma mágica e o termo central.

8	1	6
3	5	7
4	9	2

Veja no quadrado da figura acima que os números 1 e 9; 6 e 4; 7 e 3; 8 e 2, são complementares e a sua soma é sempre igual a 10 (15 – 5).

Essa propriedade é de fácil demonstração, vejamos:

Vamos chamar de S o valor da soma mágica e designar por x o valor do termo central (se for uma matriz de ordem ímpar, é claro).

A	B	C
D	x	E
F	G	H

Sabemos que $(C + F) + x = (A + H) + x = S$, logo $C + F = A + H = S - x$. Da mesma forma poderíamos ter comparado $(D + E)$ com $(B + G)$, mostrando que a propriedade é válida para quaisquer filas que possuam o x como termo central.

2ª propriedade:

O termo central do quadrado mágico de ordem 3 é sempre igual à terça parte da soma mágica, ou seja, no quadrado que mostramos na propriedade 1, sempre teremos $x = S/3$.

Vejamos:

A	B	C
D	x	E
F	G	H

Vamos somar os termos de duas linhas paralelas, por exemplo, a primeira e a terceira. Teremos:

A + B + C = S

F + G + H = S

Somando os dois membros dessas igualdades, teremos:

A + F + B + G + C + H = 2S. Aplicando a propriedade associativa da adição, teremos:

(A + H) + (F + C) + (B + G) = 2S

Acontece que A + H = F + C = B + G = S – x, logo, teremos:

3 . (S – x) = 2S, ou então, 3S – 3x = 2S, ou ainda, 3x = S, donde concluímos que x = S/3.

Veja que no exemplo que fizemos, a soma mágica era 15 e o termo central foi igual a 5, que está de acordo com o que acabamos de demonstrar.

Essa propriedade poderia ser estendida para um quadrado mágico, de ordem ímpar qualquer (k). Nesse caso, uma demonstração análoga, mostraria que o termo central seria igual a S/k.

3ª propriedade:

Sabendo que um quadrado mágico é uma matriz quadrada, de ordem **n**, podemos determinar o valor da soma mágica ou planetária. Esse valor é dado pela fórmula:

$$S = \frac{n^3 + n}{2}$$

Você viu que nos exemplos que fizemos, para quadrados mágicos de ordem 3, a soma mágica ou planetário foi igual a 15. Aplicando a fórmula, teríamos:

$$s = \frac{3^3 + 3}{2} = \frac{30}{2} = 15$$

Analogamente, para os quadrados mágicos de ordem 4, a soma foi igual a 34, vejamos pela fórmula:

$$s = \frac{4^3 + 4}{2} = \frac{368}{2} = 34$$

Mas como chegamos a esta fórmula?

ATIVIDADE 14: OS CINCO "DOIS"

Segue agora um desafio bastante interessante, envolvendo apenas o algarismo 2 e as quatro operações fundamentais da Matemática (Adição, Subtração, Multiplicação e Divisão).

Tente escrever todos os números naturais, de 0 a 10, usando sempre "cinco" algarismos dois e as operações fundamentais da matemática.

Por exemplo, o zero pode ser obtido da seguinte maneira:

$$0 = 2 - \frac{2}{2} - \frac{2}{2}$$

Verifique que usamos exatamente 5 algarismos dois e as operações de subtração e divisão.

Tome cuidado para não confundir número com algarismo. Por exemplo, no número 22 são empregados dois algarismos 2.

Veja se consegue fazer o mesmo com os demais naturais, de 1 até 10.

ATIVIDADE 15: TESTE MALUCO

Uma outra atividade numérica interessante e que também já tem circulado muito na internet e em algumas revistas e livros. O interessante sobre ela é a sua justificativa e o seu uso nas classes do Ensino Fundamental, como incentivo para uma aula sobre critérios de divisibilidade.

Siga as instruções abaixo:

1. Pense num número natural, de 1 a 9.

2. Multiplique esse número por 9.

3. Some os dois algarismos do número obtido (se obteve 9, imagine como 09).

4. Some 7 ao resultado da soma anterior.

5. Divida por 4 o resultado dessa nova soma.

6. Imaginando, sequencialmente, cada letra do nosso alfabeto associada a um número natural (A = 1; B = 2; C = 3; D = 4; E = 5; ...), transforme o resultado anterior na letra correspondente.

7. Escreva agora o nome de um País da Europa iniciado pela letra encontrada..
8. Procure agora a quinta letra do nome desse País.
9. Escolha agora, dentre os animais que não voem, o nome de um deles, que comece pela letra encontrada na fase anterior.
10. Pronto....Terminou a brincadeira. Deixe apenas anotado o nome do País e do animal...

Veja, a seguir, alguns animais e um mapa da Europa ...poderão ajudar.

Veja, nas respostas, o comentário sobre essa atividade.

QUEM DISSE QUE NA DINAMARCA EXISTEM MACACOS?

RESPOSTAS E COMENTÁRIOS DO CAPÍTULO 1

Atividade 1: Como se explica o ocorrido? Quais as propriedades matemáticas envolvidas nessa atividade?

Vejamos:

a. Quando repetimos, ao lado do primeiro número de 3 algarismos, esse mesmo número, teremos sempre um número de 6 algarismos que é múltiplo de 1001. Esse fato decorre da propriedade distributiva da multiplicação em relação à adição, pois 1001 corresponde a 1000 + 1, logo, quando multiplicamos um número de 3 algarismos (n) por 1001, estamos fazendo n x (1000 + 1), ou seja, n x 1000 + n, o que vai gerar a repetição dos mesmos 3 algarismos iniciais.

b. A título de exemplo, vamos supor que o número n fosse igual a 572. Ao multiplicá-lo por 1001, teremos: 572 x (1000 + 1) = 572 x 1000 + 572 x 1 = 572 000 + 572 ou 572 572.

c. Acontece que o número 1001 corresponde exatamente ao produto 7 x 11 x 13 (por isso as divisões serão sempre exatas). Quando os alunos, seqüencialmente, dividem o número de 6 algarismos por 7, por 11 e depois por 13, estão "desfazendo" a multiplicação por 1001, voltando portanto ao número inicial.

Dessa forma é só o professor entregar o papel com o resultado da última divisão para o primeiro aluno, que lá estará escrito o seu número inicial.

d. Conceitos envolvidos: divisão de números naturais, propriedade distributiva.

Atividade 2: Vamos supor que o número telefônico da pessoa seja indicado por: **a b c d e f g h.** Para facilitar o entendimento, vamos dividir esse número em duas partes, de 4 algarismos cada uma: A = **a b c d** e B = **e f g h,** ou seja, vamos representá-lo apenas por **AB.**

Vamos seguir a sequência das operações e ver ao que chegamos:

1. A

2. 80 . A

3. (80 . A + 1)

4. (80 . A + 1) . 250 = (20 000 . A + 250) – propriedade distributiva.

5. (20 000 . A + 250) + B

6. (20 000 . A + 250) + B + B = 20 000 . A + 2 B + 250 – redução de termos semelhantes.

7. 20 000 . A + 2 B + 250 – 250 = (20 000 . A + 2 B)

8. (20 000 . A + 2 B) : 2 = 10 000 . A + B – propriedade distributiva.

Verifique que, como A é um número natural de 4 algarismos, 10 000.A será um número natural, de 8 algarismos, cujos 4 últimos (da direita) são todos iguais a zero. Quando somarmos 10 000.A + B, passaremos a ter um número de 8 algarismos sendo que os 4 primeiros coincidem com o número A e os 4 últimos com o número B, ou seja, o resultado final da sequência de operações será sempre **o próprio número telefônico da pessoa.**

Atividade 3: Praticamente todas essas atividades que envolvem números inteiros estão respaldadas no sistema de numeração decimal e no valor posicional dos algarismos de um número. Por exemplo, se um número natural tem dois algarismos: A (o das dezenas) e B (o das unidades), o valor desse número será 10.A + B. Se for um número de três algarismos: A (o das centenas), B (o das dezenas) e C (o das unidades), o valor do número será 100.A + 10.B + C.

No caso das idades, teremos:

1. AB (idade do seu familiar) que será representada por 10 A + B.

2. Multiplicando-a por dois, teremos: (10A + B) x 2 = 20A + 2B

3. Somando 5 unidades, teremos: 20A + 2B + 5.

4. Multiplicando o novo resultado por 50, teremos: (20A + 2B +5) x 50 = 1000A + 100B + 250.

5. Se a você já aniversariou, vai somar 1767 ao resultado e teremos: 1000A + 100B + 250 + 1767 ou 1000A + 100B + 2017. (Aqui você já percebe o motivo da escolha do número 1767).

6. Subtraindo o ano do seu nascimento, teremos 1000A + 100B + 2017 – ano do seu nascimento, ou seja, 1000 A + 100B + **sua idade**. Você pode verificar que será um número de 4 algarismos onde os dois primeiros (da direita) representam a sua idade e os dois últimos (da esquerda) representam a idade do familiar escolhido.

É claro que a soma será 1768 em 2018; 1769 em 2019; 1770 em 2020...e assim sucessivamente.

Atividade 4: Verifique que, para qualquer número pensado, o resultado da operação será sempre um múltiplo de 9. Vejamos o porque:

Se o número de dois algarismos AB vale 10 A + B, o cálculo pedido nos leva a 10 A + B – A – B = **9 A**, ou seja, um múltiplo de 9. O que fizemos foi, em cada cartela, colocar sempre figuras iguais ao lado dos múltiplos de 9. Assim, quando você aplicar o jogo para algum aluno, turma, ou amigo, bastará observar qual a imagem que está ao lado do número 9, ou do 18, por exemplo... e sempre irá acertar.

Sugestões didáticas:

- Para dar um efeito mais intrigante quando aplicada em sala de aula, é interessante que você faça diversas cartelas semelhantes às duas anteriores, tomando sempre o cuidado de colocar figuras iguais ao lado dos múltiplos de nove. Já pensou no "susto" que os alunos levarão quando você acertar a imagem observada por cada um deles?
- Normalmente eu construo, em tamanho maior, cartelas com as figuras separadas e ampliadas e, olhando para a cartela de cada aluno da turma, vou mostrando a cada um a imagem que ele está observando em sua cartela. O efeito é sempre surpreendente.

Atividade 5: Se temos duas datas seguidas numa mesma semana, podemos representá-las por **x e x + 1.** As outras duas datas, que serão na semana seguinte, serão **x + 7 e x + 8.** Somando-as, teremos: x + x + 1 + x + 7 + x + 8 ou 4x + 16 ou ainda 4 . (x + 4). É claro que, ao igualarmos essa expressão à soma obtida, é só dividi-la por 4, e subtrair 4 (aplicando as operações inversas da matemática) que iremos obter o valor de x. Em seguida é só acrescentarmos 1, 7 e 8, que teremos as demais datas selecionadas.

Relembro que é uma excelente atividade para aplicação em classes do Ensino Fundamental como aplicação ou introdução para uma aula sobre equações do primeiro grau.

Atividade 6: Verifique que duas faces opostas de um dado comum (cúbico) somam sempre 7. Por exemplo, se uma face é 2, a oposta será 5; se uma face é 1, a oposta será 6. Fica claro que, das cinco faces que queremos somar, teremos sempre uma soma igual a 14 (soma das faces C, D, E, F, que é igual a 7 + 7) e mais a face B, que sempre será a oposta à face visível (A). No nosso exemplo, como a face A mostra o número 1, a face B mostrará o valor 6. Logo, a soma pedida será igual a 14 + 6 = 20. Se a face visível, por exemplo, mostrasse o valor 4, a soma das 5 faces ocultas seria igual a 14 + 3 = 17...e assim sucessivamente. Podemos estabelecer a seguinte regra. Soma das 5 faces ocultas: igual a **14 + (7 – n)**, onde n é a face visível.

Um outro exemplo: Se a face visível (A) no dado superior fosse o número 3. A soma das cinco faces ocultas seria igual a 14 + 4, ou seja 18.

Atividade 7: Afinal não é nada surpreendente. Experimente o truque com outros números e tente descobrir o "segredo". Em seguida, utilizando expressões com variáveis, prove matematicamente o segredo.

Explicação e demonstração:

No final o *montinho* do meio conterá sempre um número de cartas igual ao **triplo** do número pensado, veja:

Utilizando expressões com variáveis, prova-se matematicamente o segredo.

Seja **n** o número de cartas em cada *montinho*.

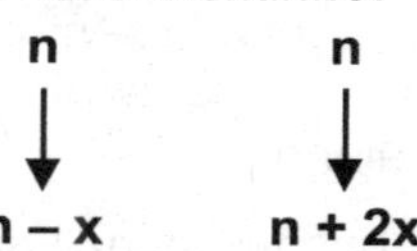

	n	n	n
Seja **x** o nº pensado.	↓	↓	↓
Teremos	**n – x**	**n + 2x**	**n – x**

Retiramos **n – x** cartas ao *montinho* do meio.

Então, nesse *montinho* ficarão: $n + 2x - (n - x) = n + 2x - n + x = \mathbf{3x}$, que corresponde ao triplo do número de cartas retiradas de cada montinho (o número pensado inicialmente).

Tal atividade poderá ser usada como um elemento motivador, em suas aulas do Ensino Fundamental, desafiando seus alunos a descobrirem qual o "truque" usado.

Posteriormente, durante a explicação, o conteúdo das expressões algébricas e da redução dos termos semelhantes poderá ser explorado com a turma muito mais interessada do que se tal tópico tivesse sido introduzido mecanicamente e de forma abstrata.

Atividade 8: Do jeito que fizemos a sequência das operações o resultado terminará sempre em 90 e o número pensado será obtido pela subtração $k - 1$, onde k é o número que aparece ANTES do 90. Veja, quando o aluno obteve 790, fazemos $7 - 1 = 6$, que foi o número pensado por ele. Quando ele obteve 1390, fazemos $13 - 1 = 12$, que foi o número pensado por ele. Vejamos o porquê deste fato:

Número pensado: x
Multiplicado por 5: $5x$
Somando 8: $5x + 8$
Multiplicando por 4: $(5x + 8) . 4 = 20x + 32$ (propriedade distributiva)

Somando 6: $20x + 32 + 6 = 20x + 38$
Multiplicando por 5 = $(20x + 38).5 = 100x + 190$

Verificando a expressão obtida, está explicado o motivo do resultado sempre terminar em 90. Vejamos o que obtivemos: $100x + 100 + 90$, ou

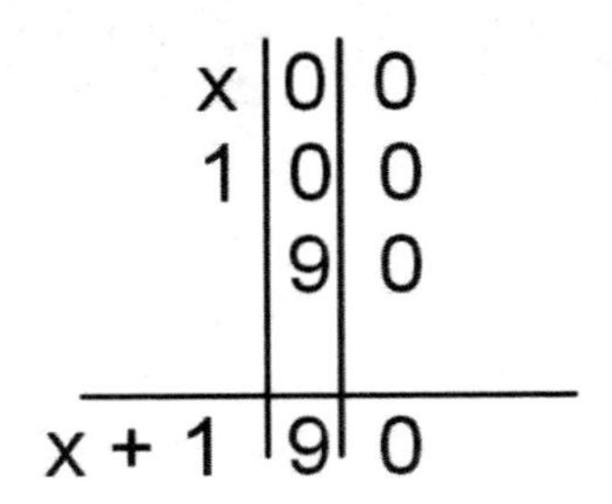

Logo, podemos concluir que, o resultado sempre terminará em 90 e o número que preceder o 90 será igual a $x + 1$. Subtraindo 1 desse número, teremos o número que foi pensado pelo aluno.

Você poderá criar outras adivinhações semelhantes, para que não tenha sempre a terminação 90, mas deverá forçar que surja o termo $100x$ na operação gerada, para recair numa expressão análoga à que obtivemos anteriormente.

> *"De longe, o maior prêmio que a vida oferece é a chance de trabalhar muito e se dedicar a algo que valha a pena".*
>
> ***(Theodore Roosevelt)***

Atividade 9: Novamente essa atividade com números está respaldada nas operações matemáticas, no valor posicional dos algarismos de um número e na propriedade distributiva da multiplicação em relação à adição.

Vejamos: vamos representar por **a** o valor da carta sorteada e por **b** o valor do naipe escolhido. Seguindo as instruções, teremos:

$2a$
$(2a + 4)$
$(2a + 4) . 5 = 10a + 20$
$10a + 20 + b = 10a + b + 20.$

O que vimos acima indica o porque de subtrair o resultado final por 20. Dessa forma, o que restar corresponderá a $10a + b$, que é um número **ab,** onde b indicará o naipe e a indicará a carta sorteada pelo aluno.

Perguntas que você poderia fazer ao aluno, após aplicar a atividade em classe:

1. É possível que algum aluno chegue ao resultado 126?

   Resp. Não, pois ao subtrairmos 20, teremos 106. Isto não é possível pois só temos os naipes 1, 2, 3 e 4.

2. Se a carta sorteada for um 9 de paus, qual o resultado que o aluno obterá?

   Resp. 111

Atividade 10:

1. Raiz quadrada através de subtrações dos números naturais ímpares

Justificativa: O método se explica pelo fato de que a soma de números ímpares consecutivos produz sempre um quadrado perfeito:

Veja: $1 + 3 = 4 = 2^2$

$1 + 3 + 5 = 9 = 3^2$

$1 + 3 + 5 + 7 = 16 = 4^2$

Logo, se o número investigado for subtraído, sucessivamente, da sequência dos números ímpares, teremos, obrigatoriamente, de chegar à zero.

Se a atividade for aplicada numa classe de ensino médio a demonstração pode ainda ser mais precisa, calculando-se, por progressões aritméticas, a soma dos n termos de uma P.A, de razão igual a 2 e primeiro termo igual a 1. O aluno chegará à conclusão que $S = n^2$. (Nas classes mais avançadas, essa demonstração também pode ser feita pelo método de indução finita).

2. Investigando através dos divisores do número natural

Verifique que, se escrevemos todos os divisores de um número natural, em ordem crescente, por exemplo, podemos facilmente obter todos os pares de números naturais cujo produto seja igual ao número dado. Por exemplo, consideremos o número 36.

Os divisores de 36 são: 1, 2, 3, 4, 6, 9, 12, 18, 36. Se pegarmos as duplas eqüidistantes dos extremos (1 e 36), (2 e 18), (3 e 12), (4 e 9), teremos todas as possibilidades de produtos de números naturais, com resultado 36. Sobrou o número 6 (termo central) que ,multiplicado por ele mesmo, também será igual a 36. Isso justifica a necessidade de termos uma quantidade ímpar de divisores naturais e também explica o motivo desse termo central ser igual à raiz quadrada do número considerado (nesse caso, o número 36).

Atividade 11: Essa atividade está relacionada com a representação de números naturais no sistema binário e na propriedade que diz que "todo número natural pode ser decomposto numa soma de potências de 2". Por exemplo, o número 12 pode ser decomposto em $4 + 8 = 2^2 + 2^3$. Isso se justifica pelo fato de que o número 12, escrito no sistema binário (base 2) teria a seguinte representação: 12 = 1 1 0 0, o que representa $0 + 0 . 2 + 1 . 2^2 + 1 . 2^3 = 4 + 8$.

Note que, nas tabelas que apresentamos na atividade, o número 12 só aparece nas cartelas que se iniciam por 4 e 8. Isso foi feito com todos os números da atividade (até 63). Eles aparecem nas cartelas iniciadas pelas potências de 2 que são parcelas da sua decomposição. No exemplo que demos, da D. Maria, de 45 anos, a decomposição será: 45 = 1 + 4 + 8 + 32 e, como já tínhamos observado anteriormente, esse número (45) só se encontra nos cartões iniciados por 1, 4, 8 e 32. O professor ou a pessoa que comanda a atividade, só terá que somar os primeiros números dos cartões que forem indicados pela pessoa investigada. É sucesso garantido e uma importante propriedade dos números naturais é usada nessa atividade.

Atividade 12: Essa brincadeira está baseada nos problemas de contagem, que no ensino médio costumam chamar de Análise Combinatória. Vamos mostrar a seguir que, para cada uma das possibilidades de distribuição dos objetos para os alunos, há uma sobra distinta de feijões na caixa. Vejamos como isso acontece:

Vamos representar os três participantes Por **X, Y e Z** e os objetos por suas iniciais **b** (botão), **c** (chave) e **d** (dado). Esses três objetos podem ser distribuídos entre eles de seis modos diferentes, que vamos mostrar na tabela a seguir:

X	Y	Z
b	c	d
b	d	c
c	b	d
c	d	b
d	b	c
d	c	b

Não pode haver mais nenhuma outra combinação e, para um aluno de ensino médio você terá aqui um bom exemplo de uma atividade envolvendo permutações simples. As permutações simples de 3 objetos distintos correspondem sempre a 3 x 2 x 1 = 3! = 6 distribuições distintas.

Vejamos agora quantos feijões sobrariam para cada uma dessas possibilidades:

X Y Z	Quantidade de feijões retirados	total	Sobra (m)
b c d	1 + 1 = 2; 2 + 4 = 6; 3 + 12 = 15	23	1
b d c	1 + 1 = 2; 2 + 8 = 10; 3 + 6 = 9	21	3
c b d	1 + 2 = 3; 2 + 2 = 4; 3 + 12 = 15	22	2
c d b	1 + 2 = 3; 2 + 8 = 10; 3 + 3 = 6	19	5
d b c	1 + 4 = 5; 2 + 2 = 4; 3 + 6 = 9	18	6
d c b	1 + 4 = 5; 2 + 4 = 6; 3 + 3 = 6	17	7

Você pode observar que o número de feijões restantes nunca é o mesmo para cada uma das distribuições possíveis. É importante que você grave essa tabela e a quantidade de feijões que deu para cada um, pois essa quantidade definirá quais os alunos que representamos por X, Y e Z.

(Não é difícil guardar a tabela e, com a repetição da atividade, isso se tornará simples)

Por exemplo, se ao você retornar verifica uma sobra de 5 feijões na caixa, saberá que a distribuição correta é: X , c (chave); Y, d (dado) e Z , b (botão). Lembro que essa nos garante que o primeiro (X) (que recebeu um feijão) está com a chave, o segundo (Y) (que recebeu dois feijões) está com o dado e o terceiro (que recebeu três feijões) está com o botão.

Você pode também ter a tabela anotada e consultá-la toda vez que precisar sair da sala de aula.

Atividade 13: É fácil perceber que os números que formam um quadrado mágico são sempre em quantidade n^2 e valem de 1 até n^2. Como a soma é comutativa, poderemos listá-los formando uma progressão aritmética, de razão igual a 1, com o primeiro termo valendo 1 e o último termo valendo n^2. Sabemos que a soma dos termos de uma P.A é dada pela fórmula:

$$s = \frac{(a_1 + a_n).n}{2}$$

Aplicando essa fórmula na P.A descrita anteriormente, teremos:

$$s=\frac{\left(1+n^2\right).n}{2}$$

Só que a fórmula obtida acima corresponde à soma de TODOS os elementos do quadrado mágico. A soma mágica que queremos obter é apenas o valor da soma dos elementos de uma das linhas, por exemplo. Como a matriz que forma o quadrado tem **n linhas,** basta dividir a fórmula obtida por **n**, que teremos a soma procurada.

$$s=\frac{\left(1+n^2\right).n^2}{2}:n=\frac{\left(1+n^2\right).n^2}{2}\cdot\frac{1}{n}=\frac{\left(1+n^2\right).n}{2}$$

Ou então, aplicando a propriedade distributiva, teremos:

$$s=\frac{n^3+n}{2}$$

Verifique que, para n = 2, o problema não teria solução. A soma mágica teria de ser igual a 5 e geraria um sistema impossível de se resolver.

Perceba que um tema aparentemente despretensioso, que parece ser apenas um divertimento qualquer, pode ser um elemento interessante e motivador para as aulas de progressões aritméticas do ensino médio, por exemplo.

Questão proposta:

O quadro mágico proposto neste exercício tem 16 casinhas onde devem ser escritos todos os números de 1 a 16. Determine o valor da soma mágica e complete com os números que faltam.

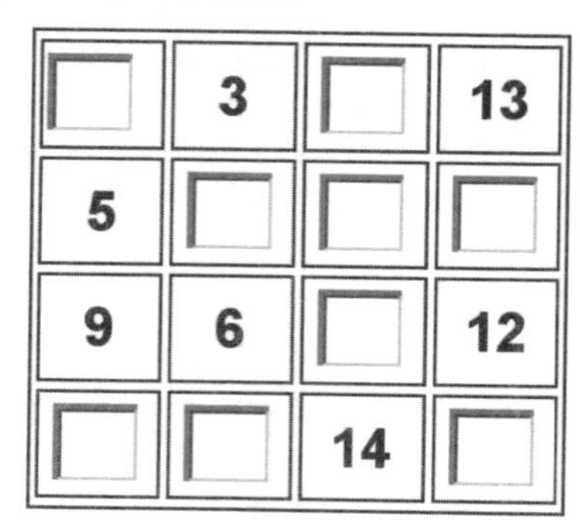

Vamos dar uma dica...você termina ...

Pela fórmula que vimos anteriormente, valendo n = 4, essa soma mágica será igual a:

$$s = \frac{4^3 + 4}{2} = 34$$

Na terceira linha, já temos 3 números, cuja soma é 9 + 6 + 12 = 27. Portanto, o número que falta só pode ser o 7 (34 – 27).

Tente agora, completar com os números que faltam.

Resposta:

É claro que poderemos obter, a partir desses valores, outros quadrados mágicos com outras somas. Por exemplo, se multiplicarmos todos os números do quadrado mágico visto no exercício acima, por 4, teremos ainda um quadrado mágico e a soma mágica passará a ser igual a 34 x 4 = 136.

16	3	2	13
5	10	11	8
9	6	7	12
4	15	14	1

Uma variação interessante ...

O quadrado que mostramos abaixo, é também um tipo muito surpreendente de quadrado mágico. Aparentemente ele não tem qualquer ligação com os modelos que comentamos anteriormente. Mas vamos verificar que ele poderá gerar desafios interessantes para as nossas aulas de matemática.

39	24	44	56	32
31	16	36	48	24
15	0	20	32	8
32	17	37	49	25
18	3	23	35	11

Primeiramente pergunto se você saberia dizer qual a propriedade "mágica" que esse quadrado numérico possui?

Se não descobriu (o que não é para desanimar, já que é difícil mesmo, apenas ao olhar) siga os passos que vou sugerir.

1. Copie essa tabela numa folha de papel.
2. Escolha um desses 25 números e pinte (sem encobrir o número) o quadradinho que ele ocupa.
3. Elimine, riscando com lápis ou caneta, todos os demais números que estão nas mesmas filas (horizontal ou vertical) ocupadas por esse número.
4. Repita a operação, escolhendo um outro dos números que sobraram, ou seja, pintando a quadrícula que ele ocupa, sem encobri-lo.
5. Elimine agora todos os demais números que ocupam as mesmas filas desse segundo número escolhido.
6. Continue dessa forma, até que todos os números tenham sido eliminados. Você terá pintado, ao término, os quadradinhos correspondentes a cinco números.
7. SOME os cinco números escolhidos.
8. Repita a brincadeira novamente, escolhendo outros números. O que aconteceu?

Você deve ter percebido (e se surpreendido) que, independentemente dos números escolhidos, essa soma sempre vai dar 135. Por que será que isto acontece?

Antes de analisarmos o que está ocorrendo, verifique que impacto geraria numa sala de aula, se pedíssemos para todos os alunos copiarem a tabela em seus cadernos e que prosseguissem de acordo com o nosso roteiro. Em seguida, se pedíssemos que todos dissessem em voz alta o resultado que encontraram.

A explicação é bastante simples e está baseada em antigas tabelas de adição. Só que fizemos uma disposição diferente, para dificultar às pessoas a perceberem como foi montado o quadro.

O quadrado montado foi gerado a partir de dois conjuntos de números (geradores). Foram os seguintes: 15, 0, 20, 32, 8 e 24, 16, 0, 17 e 3. Verifique que a soma desses dez números é 135. Se colocarmos esses dois conjuntos, fora do quadro, respectivamente, acima da primeira linha horizontal e à esquerda da primeira coluna vertical, geraremos todo o quadrado procedendo sempre a soma de dois desses números na quadrícula correspondente. Veja.

	15	0	20	32	8
24	39	24	44	56	32
16	31	16	36	48	24
0	15	0	20	32	8
17	32	17	37	49	25
3	18	3	23	35	11

Você pode construir um quadrado com o tamanho que desejar que, procedendo como vimos no roteiro, a soma dos números que ficam nas casas pintadas será sempre a mesma, no nosso caso foi 135, que é exatamente a soma de todos os números dos dois conjuntos geradores.

Isso sempre vai ocorrer, pelo fato de que cada número que fica nas casas pintadas é sempre obtido a partir da soma de dois dos números dos conjuntos geradores. Como, pelo processo desenvolvido, vamos sempre eliminando os demais números que estão na linha e na coluna do número escolhido, ocorrerá que os cinco números que serão somados ao final, na realidade, representam a soma dos dez números geradores, que foram transformados numa soma de cinco duplas distintas.

Interessante observar que, pelo processo descrito, você poderá construir quadrados do tamanho que desejar, usando números naturais, inteiros, racionais, irracionais, que o processo sempre vai se repetir. A soma dos números que ficaram pintados ao final, será sempre a mesma e corresponderá à soma de todos os números dos conjuntos geradores.

Veja também que, se começarmos por 1, na primeira quadrícula superior esquerda, e escrevermos sequencialmente os números naturais, de 1 até 16, por exemplo, recairemos num quadrado mágico, cujo número mágico pode ser obtido com a mesma fórmula que deduzimos para os quadrados mágicos tradicionais, ou seja, $\frac{n^3 + n}{2}$. No caso que sugerimos, para um quadrado de ordem 4, essa soma será igual a 34.

Veja.

1	2	3	4
5	6	7	8
9	10	11	12
13	14	15	16

Verifique que os conjuntos geradores seriam: 1, 2, 3, 4 e 0, 4, 8, 12. Experimente seguir todo o roteiro que mostramos antes, pintando uma casa de cada vez, que ao final, vai sempre obter soma igual a 34. ($\frac{4^3+4}{2}$).

Você pode criar variações muito interessantes dessa brincadeira. Por exemplo, pode criar cartões de aniversário, onde a soma mágica seja a idade de uma pessoa querida. Basta "inventar" o quadrado a partir de números geradores que somados dêem a idade dessa pessoa. Mande para ela, como anexo, as instruções, é claro.

Atividade 14: As soluções que apresentamos abaixo, provavelmente, não são únicas. Você pode ter conseguido outras boas opções.

1 = 2 + 2- 2 – 2 / 2	**6 = 2 + 2 + 2 + 2 – 2**
2 = 2 + 2 + 2 – 2 – 2	**7 = 22 / 2 – 2 – 2**
3 = 2 + 2 – 2 + 2/2	**8 = 2 x 2 x 2 + 2 – 2**
4 = 2 x 2 x 2 – 2 – 2	**9 = 2 x 2 x 2 + 2 / 2**
5 = 2 + 2 + 2 - 2/2	**10= 2 + 2 + 2 + 2 + 2**

Atividade 15: Essa atividade tem fácil explicação, mas sempre impressiona às pessoas quando aplicada.

Sabemos que, ao multiplicarmos um número qualquer, de 1 a 9, por 9, teremos sempre um múltiplo de 9, entre 9 e 81. Sabemos também que a soma dos algarismos de um múltiplo de 9 dá sempre 9 ou múltiplo de 9. No nosso caso, como estamos restritos ao máximo valor de 81, a soma obtida será SEMPRE 9. É claro que quando for acrescentado 7 ao resultado, iremos sempre obter 16. Perceba que não há como fugir, todos os participantes desse jogo terão de chegar ao número 16. Em seguida, é pedido que se divida por 4 e, é claro que também todos chegarão ao número 4, que terá de ser transformado na letra D. O país, como se vê no mapa, só poderá ser a DINAMARCA. Quando se pede a sua quinta letra, recaímos no M...o resto é fácil entender como ocorreu.

"Nunca se afaste de seus sonhos, porque se eles se forem você continuará vivendo, mas terá deixado de existir."

(Mark Twain)

CAPÍTULO 2

Atividades Investigativas Geométricas

ATIVIDADE 1: QUE BURACO É ESSE?

Os dois triângulos da figura são iguais, no entanto, o segundo triângulo é formado pelas "peças" do primeiro e por um misterioso buraco (retângulo vermelho) que parece ter surgido do nada. Como isto é possível, se os dois triângulos são iguais e ao usarmos todas as partes do primeiro, cobrimos o segundo e ainda sobra o "buraco"? Tente responder, antes de ler a explicação.

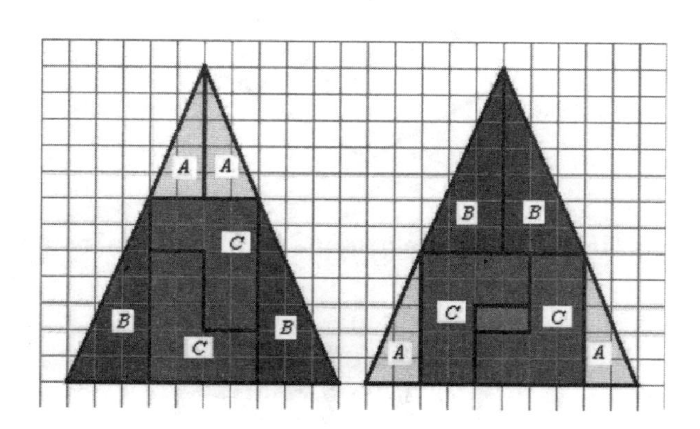

Um outro enigma do mesmo tipo:

De onde surgiu o buraco?

Verifique que os dois triângulos retângulos da figura abaixo são congruentes (ambos têm catetos medindo 5 e 13 unidades). Como se explica o fato do segundo deles ter um "quadradinho" a mais em sua área?

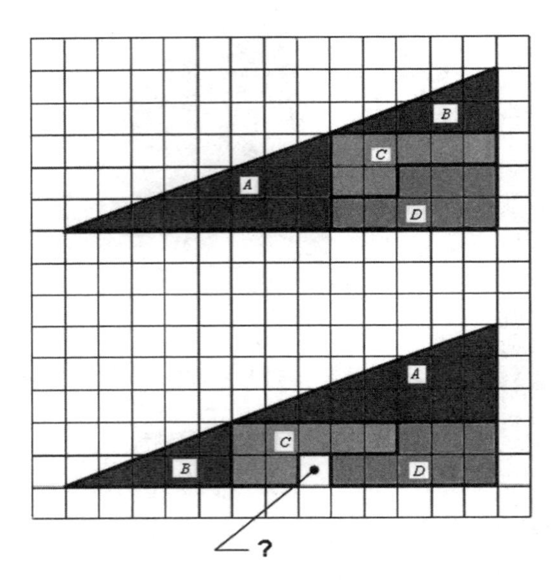

ATIVIDADE 2: BRINCANDO COM PALITOS

a. Oito Triângulos – Movendo apenas 3 palitos, obtenha 8 triângulos.

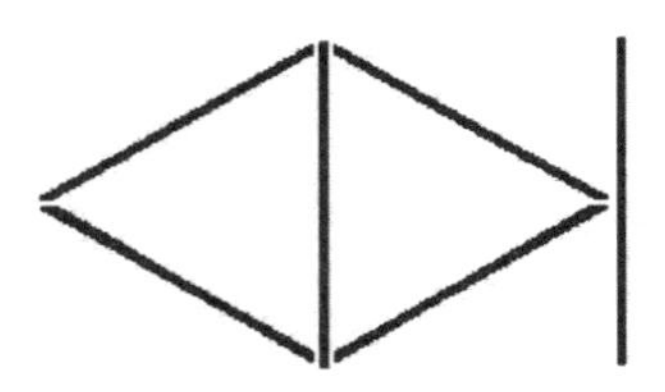

b. Mova apenas um dos palitos e obtenha uma sentença matemática verdadeira.

c. Mova apenas um dos palitos e obtenha uma sentença matemática verdadeira.

d. Retire apenas 3 palitos, de modo a obter 3 quadrados.

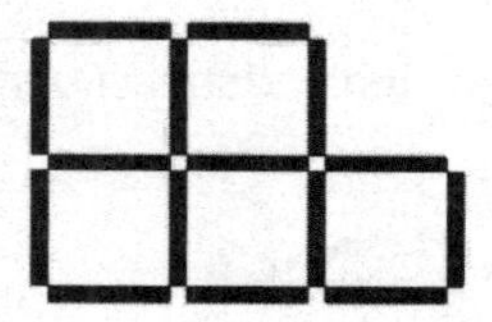

e. Mova apenas dois palitos e forme 4 triângulos.

f. Tomando como unidade o comprimento de um fósforo, é possível formar com 12 deles vários polígonos planos com áreas inteiras e distintas. Por exemplo, na figura abaixo temos um quadrado de área igual a nove unidades quadradas.

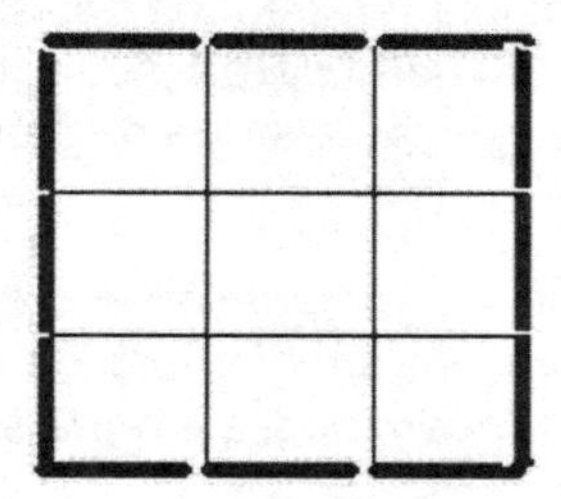

O desafio é o seguinte: usando esses mesmos 12 palitos de fósforos, sem quebrá-los, formar um polígono com área igual a 4 unidades quadradas.

Veja as respostas no final dessa unidade.

ATIVIDADE 3: PENSANDO RÁPIDO...

Desafios geométricos também são interessantes, mesmo os mais simples, quando provocamos nossos alunos a “pensarem rápido”. Vamos mostrar um exemplo, sugerindo que a atividade seja desenvolvida a partir da sétima série do Ensino Fundamental e que seja dado aos alunos um tempo de 1 minuto para a resolução.

Um retângulo (ABCD) está inscrito num quadrante de círculo como mostra a figura abaixo.

Considerando os comprimentos indicados na figura, determinar o comprimento da diagonal AC.

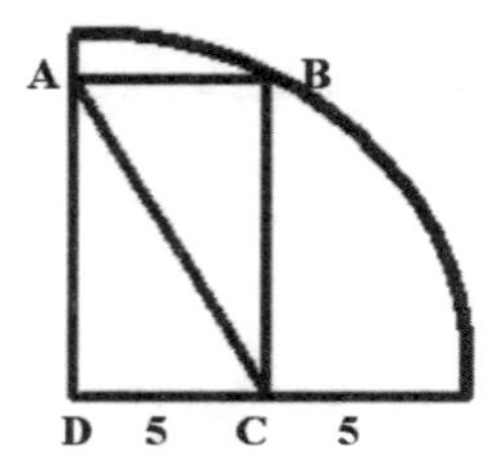

ATIVIDADE 4: COMO SAIR DESSA?

Três barris estão colocados sobre os vértices de um triângulo eqüilátero de lado igual a 3 m. Em cima de cada um dos barris está um menino com uma tábua de 2,5 m na mão, ou seja, três meninos, sobre três barris.

Vamos imaginar que eles estejam rodeados por águas infestadas de jacarés e que teriam de passar de um barril para o outro. Como poderiam fazer isso, com segurança, usando as três tábuas que dispunham?

> *“O objetivo adequado da imaginação é proporcionar beleza ao mundo... lançar sobre um simples dia de trabalho um véu de beleza e fazê-lo tremer com nossa alegria estética”.*
>
> ***(Lin Yutang)***

ATIVIDADE 5: PROCURANDO O CENTRO

Um carpinteiro cortou cuidadosamente 4 discos de madeira que pretendia utilizar como rodas de um carrinho de brinquedo. Ele precisava determinar, com exatidão, o centro de cada disco, para poder fazer um buraco por onde passasse o eixo.

Acontece que os únicos instrumentos que tinha à mão eram um esquadro não graduado e um lápis. Como ele poderia proceder para encontrar os centros de cada roda? Vamos ajudá-lo com nossos conhecimentos de Geometria?

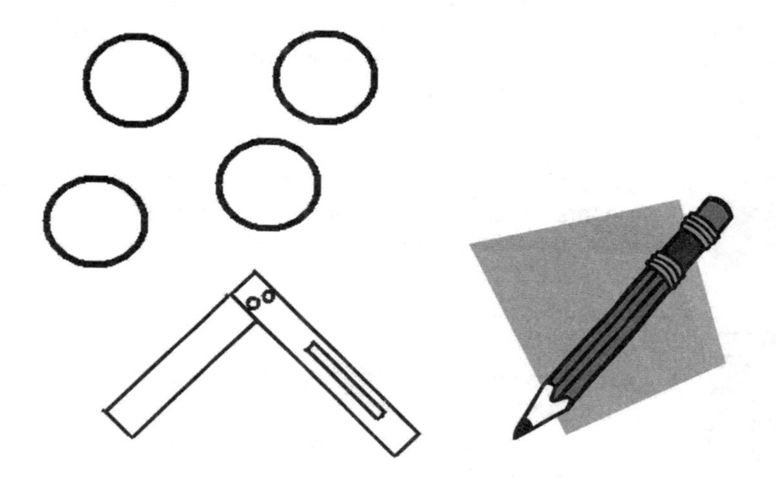

ATIVIDADE 6: QUAL O VALOR DO ÂNGULO?

Essa não é uma questão muito fácil e você, provavelmente, já a conhece ou alguma similar, seja de livros, apostilas ou mesmo de concursos. A proposta é a de determinar a medida do ângulo CDE, usando apenas os conhecimentos da geometria Euclidiana, ou seja, sem usar outros recursos como trigonometria, por exemplo.

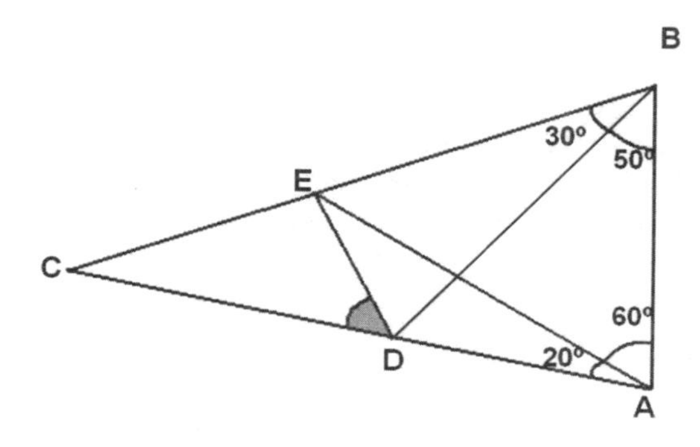

ATIVIDADE 7: SURPREENDA COM A GEOMETRIA

Vamos mostrar agora perguntas rápidas, aparentemente simples, mas que costumam nos deixar em "maus lençóis". Envolvem conceitos geométricos e podem ser usadas numa roda de amigos ou em sala de aula, como provocação ou motivação para algum tema estudado.

a. Um tijolo

Digamos que um tijolo de tamanho normal pese 4 kg. Quanto pesará um tijolinho de brinquedo, feito com o mesmo material, mas que seja quatro vezes menor que o normal?

b. As melancias na feira

Um feirante está vendendo duas melancias. Uma é 25% maior que a outra (o raio é ¼ a mais do que o da outra). A menor está a venda por 3 reais e a maior por 4,50 reais. Qual das duas você compraria?

c. A Pilha de cubos

Vamos supor que conseguíssemos subdividir um cubo de um metro cúbico em pequeninos cubinhos de um milímetro de aresta. Se colocássemos todos esses cubinhos enfileirados, um sobre o outro, qual seria a altura atingida? (desprezar a espessura do material que compõe o cubo)

d. Um tripé

Costuma-se dizer que um tripé sempre fica estável (de pé), até mesmo quando suas três pernas são de tamanhos diferentes. Está certa esta afirmação? Por que?

e. No Equador

Imagine que um menino, com cerca de 1,60 m de altura, pudesse dar uma volta completa em torno da Terra, ao longo da linha do Equador. A ponta de sua cabeça descreveria uma circunferência, enquanto que a ponta de seus pés descreveria outra circunferência. Qual a diferença entre os comprimentos dessas duas circunferências?

ATIVIDADE 8: QUEBRA – CABEÇA

Um desafio interessante que pode inclusive ser proposto em forma de quebra--cabeça, para que os alunos trabalhem com recortes.

Abaixo temos um mesmo hexágono, repetido quatro vezes. Na primeira está inteiro. Na segunda está dividido em duas partes iguais (meios), que são trapézios. Na terceira está dividido em três partes iguais (terços), que são losangos e na quarta está dividido em seis partes iguais (sextos), que são triângulos eqüiláteros. Se você recortar todas as doze partes obtidas poderá obter um outro hexágono maior, usando todas as partes e sem recortá-las novamente. Como isso é possível?

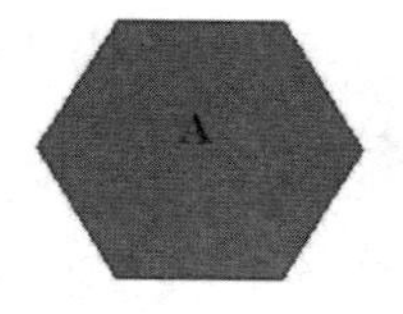

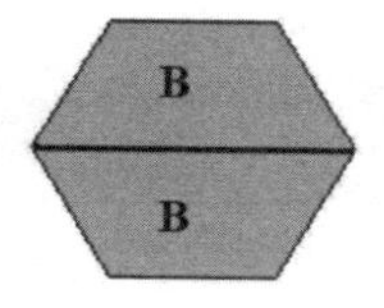

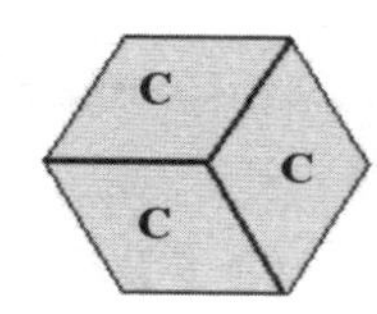

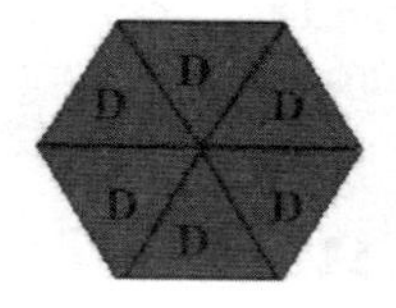

ATIVIDADE 9: COM SEIS PALITOS

Com seis palitos iguais (pode ser palito de dentes, de churrasco, de picolé...etc) podemos construir exatamente quatro triângulos também iguais (congruentes), sem quebrar nenhum palito. Como isso é possível?

(De: Matemática Divertida e Curiosa – Malba Tahan – Ed. Record).

ATIVIDADE 10: DO TRIÂNGULO AO QUADRADO

O matemático David Hilbert (1842 – 1943) demonstrou que qualquer polígono pode ser transformado em outro de mesma área, por decomposição num número finito de figuras. Este teorema pode ser ilustrado através de alguns quebra-cabeças do famoso charadista inglês Henry Dudeney (1847 – 1930). Dudeney transformou um triângulo eqüilátero num quadrado, decompondo-o em quatro partes.

Abaixo estão as quatro partes. Junte-as, de modo a obter primeiro um triângulo eqüilátero e depois um quadrado.

> *"Alguns Homens vêem as coisas e perguntam: Por quê? .... Eu sonho com as coisas que nunca existiram e pergunto : Por que não?"*
>
> **Bernard Shaw**

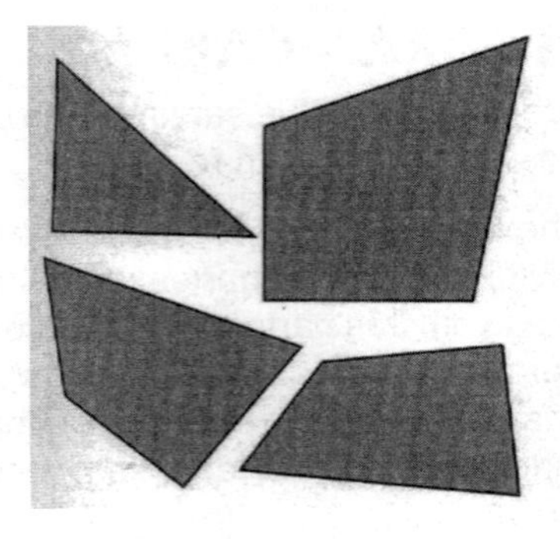

Sugestão: Você pode copiar (ampliando, se necessário) a figura, recortar as quatro peças e tentar as transformações solicitadas.

ATIVIDADE 11 – O PROBLEMA DAS 15 ÁRVORES

Esse lindo problema de Geometria já tem aparecido em diversos livros e revistas matemáticas. Malba Tahan nos mostra uma criativa versão dele em "Maravilhas da Matemática, de 1972. Achamos interessante lembrar essa curiosa questão, resgatando-a para os mais antigos e apresentando-a para os mais novos. Trata-se do seguinte problema:

Certo fazendeiro, que gostava muito de matemática, possuía um terreno quadrado e nesse terreno reservou uma área, também quadrada, onde construiu uma casa (veja figura a seguir). Ao longo do terreno ele tinha plantado, simetricamente, nas interseções de linhas horizontais e colunas verticais, 15 árvores, que estão representadas pelos pontos da figura. O fazendeiro era tão "matemático" que teve o cuidado de que a base da casa ocupasse um quadrado igual ao quadrado ocupado por 4 árvores adjacentes (duas em cada linha).

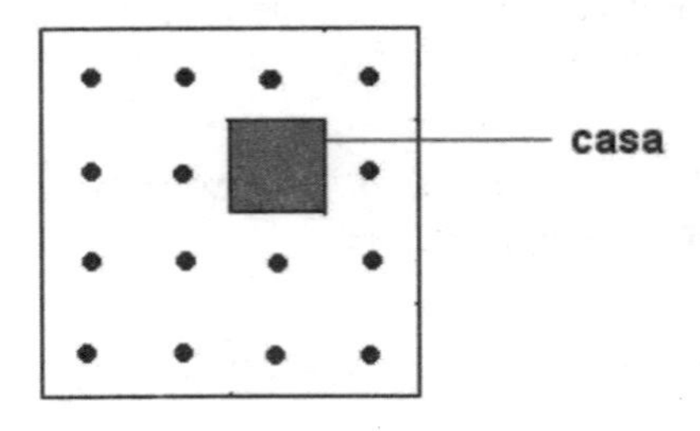

Para provocar o raciocínio matemático de seus cinco filhos, propôs a divisão da área do terreno entre eles, excluída a casa, com as seguintes condições:

1. os cinco lotes tivessem a mesma área e o mesmo formato;
2. nenhuma árvore fosse retirada e cada lote tivesse exatamente três árvores.

Como os filhos puderam fazer essa divisão do terreno?

ATIVIDADE 12: AS SOBRAS DE MADEIRA

O senhor Pedro era marceneiro e, freqüentemente, trazia do trabalho sobras de madeira para usar como lenha.

Numa noite de inverno ele trouxe para casa 6 peças retangulares de madeira, como mostramos na figura abaixo. Aninha, a filha de Pedro, que era inteligente e curiosa, gostava de criar jogos e brinquedos com as peças que o pai trazia.

Nessa noite ela começou a mexer nas 6 peças de madeira, tentando descobrir o que poderia formar com elas. Com sorte e inteligência, logo verificou que conseguia formar um quadrado, usando todas as peças.

Como gostava de investigar, continuou a mexer nessas peças, tentando verificar se havia outras possibilidades de formar o quadrado. Logo conseguiu achar outras respostas e, para não esquecer, resolveu marcar cada peça com uma letra, para representar as soluções que ia encontrando num papel quadriculado.

Reproduza essas peças num papel, respeitando as dimensões dadas, recorte-as e veja quantas soluções você é capaz de descobrir.

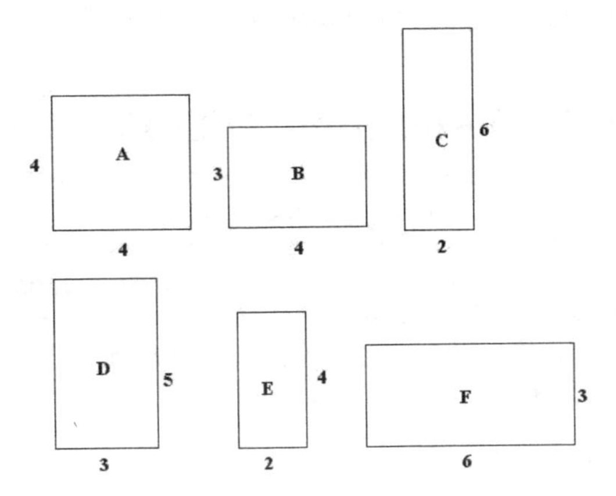

"Verdadeiro amigo é aquele que vem quando o resto do mundo está indo embora".

(Anônimo)

ATIVIDADE 13: OS TRIÂNGULOS PITAGÓRICOS E O PERÍMETRO DA FAZENDA

Uma grande fazenda tem uma forma que pode ser visualizada como um quadrado e quatro triângulos retângulos, de forma que cada um dos triângulos tem um cateto coincidente com um dos lados do quadrado. Veja um modelo dessa fazenda.

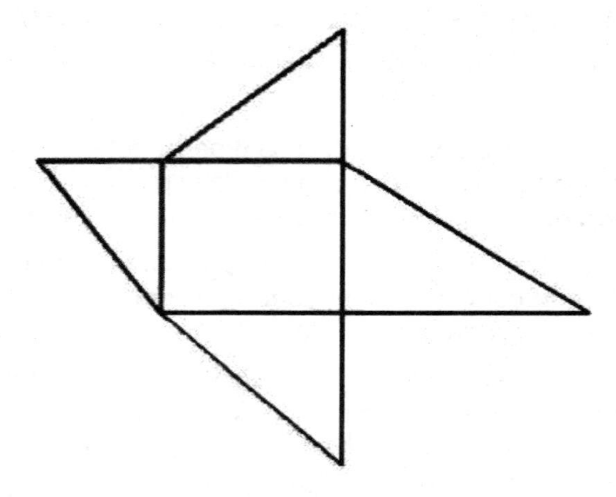

Sabemos que todos os triângulos são diferentes em tamanho, mas com a propriedade de terem seus lados expressos por um número inteiro de quilômetros.

Qual o **MENOR** perímetro possível para essa fazenda?

ATIVIDADE 14: BRINCANDO COM MOSAICOS

Ana é uma menina que adora artesanato e pinturas. Atualmente está se dedicando à criação de mosaicos coloridos com peças triangulares pintadas sobre peças retangulares de vidro. Ela procede da seguinte maneira: Marca alguns pontos sobre o vidro e depois, unindo esses pontos aos vértices do retângulo que forma a peça de vidro, subdivide essa peça em vários triângulos, sem entrecruzar os lados, que vai colorindo, transformando a peça num lindo mosaico colorido. Veja alguns exemplos:

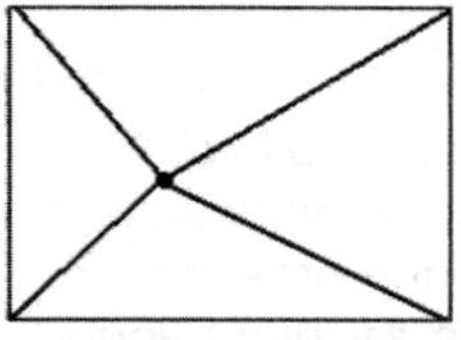
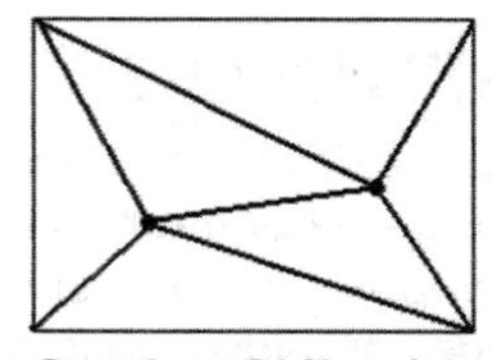
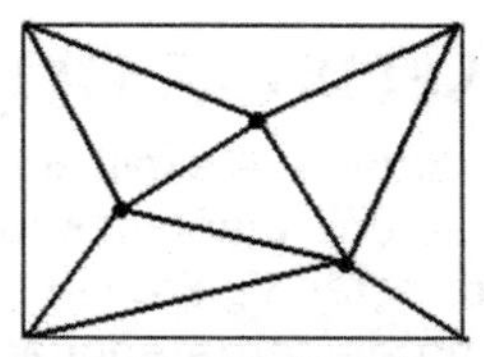
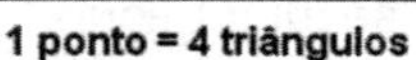

1 ponto = 4 triângulos — 2 pontos = 6 triângulos — 3 pontos = 8 triângulos

Procedendo dessa mesma forma, quantos seriam os triângulos formados se Ana marcasse 20 pontos sobre o vidro?

"Aprender sem pensar é trabalho perdido".

Confúcio (551- 479 a. C.) – Filósofo Chinês

ATIVIDADE 15: BRINCANDO COM AS BOLINHAS DE GUDE

O menino Vinícius gostava de brincar com bolinhas de gude. Certa vez, de posse de dez bolinhas, arrumou-as em duas filas de cinco bolinhas, como mostrado abaixo.

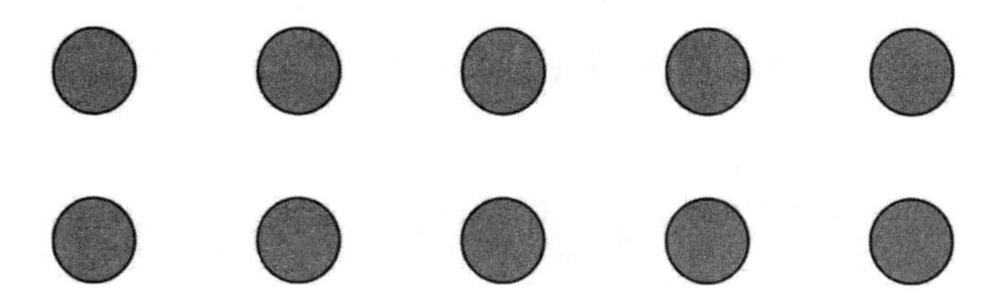

Após mexer bastante nas bolinhas ele verificou que, mexendo apenas em 4 das bolinhas, ele conseguia formar uma outra configuração com 5 filas de 4 bolinhas cada uma. Como isso foi possível?

"Somos o que fazemos, mas somos, principalmente, o que fazemos para mudar o que somos."

(Eduardo Galeano)

RESPOSTAS DO CAPÍTULO 2

Atividade 1: A explicação deste estranho fenômeno está no fato das figuras não serem triângulos (apesar de parecerem). Os lados oblíquos da primeira figura estão ligeiramente curvados para o interior o que provoca uma diminuição da área enquanto que, os lados oblíquos da segunda figura estão ligeiramente curvados para o exterior o que provoca um aumento da área. As figuras seguintes esclarecem este mistério.

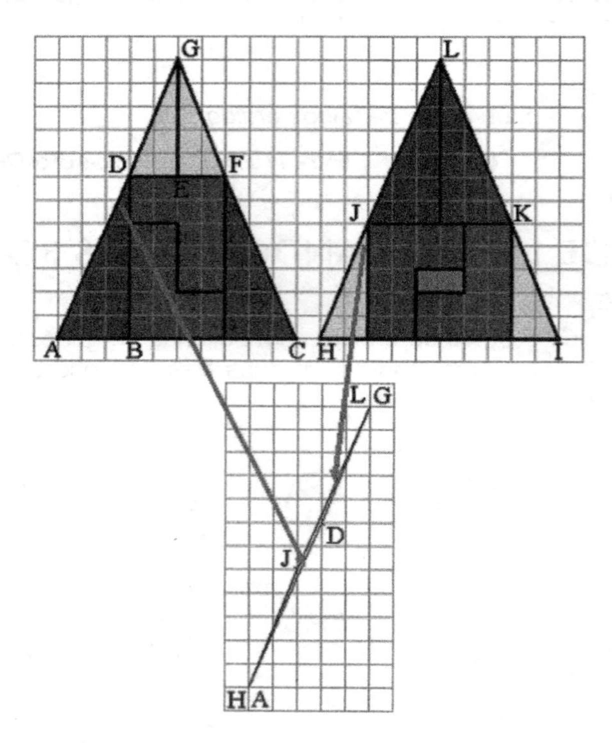

De onde surgiu o buraco?

Verifique que as hipotenusas dos dois triângulos, na figura dada, não estão alinhadas, pois os menores ângulos agudos desses triângulos não são iguais. Logo, a figura toda, composta das 4 partes coloridas, não é um triângulo. Ilusoriamente pensamos que a linha que une os pontos A e B é um segmento de reta. Na realidade são dois segmentos de reta não alinhados, de modo que quando as quatro peças são "reagrupadas" há uma sobra correspondente a essa diferença formada.

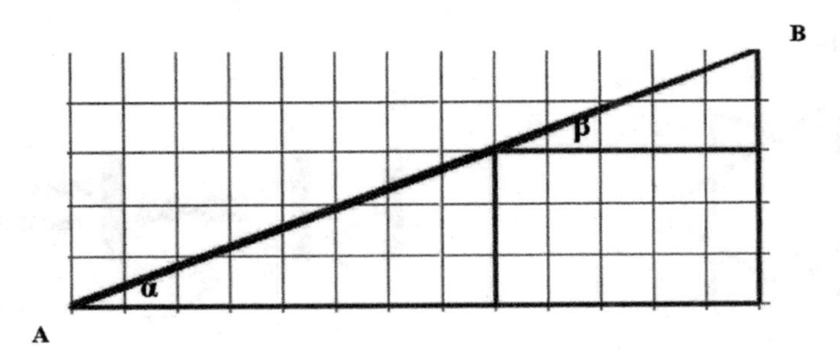

Note que, se a linha que une de A até B fosse um segmento de reta, os ângulos α e β teriam de ser iguais e, é claro que teriam tangentes trigonométricas também iguais. Vamos então calcular essas tangentes.

$$tg\ \alpha = \frac{3}{8} = 0,375$$

$$tg\ \beta = \frac{2}{5} = 0,400$$

Dessa forma, percebemos que o ângulo β é ligeiramente maior do que o ângulo α. Assim, na figura formada, temos um bico na junção das duas hipotenusas, o que gera a diferença de uma unidade de área a mais.

Como a diferença é bem pequena, nós não percebemos. Se exagerarmos um pouco mais nessa diferença, teríamos, na realidade, a seguinte situação:

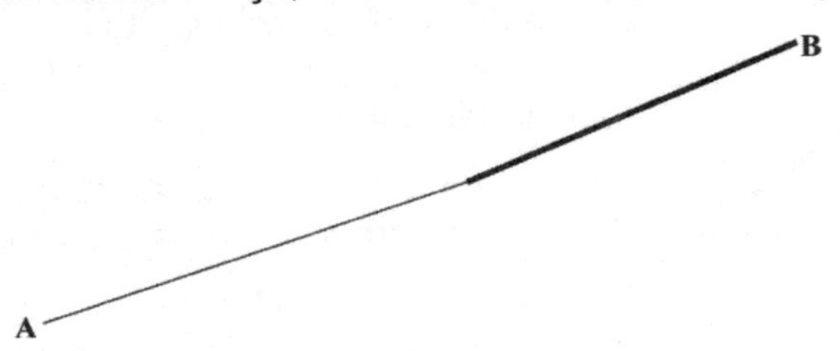

Ambas as atividades foram adaptadas do site: http://matematica.com.sapo.pt/

"Engraçado, costumam dizer que tenho sorte.
Só eu sei que quanto mais eu me preparo, mais sorte eu tenho".

Thomas Jefferson

Atividade 2:

a)

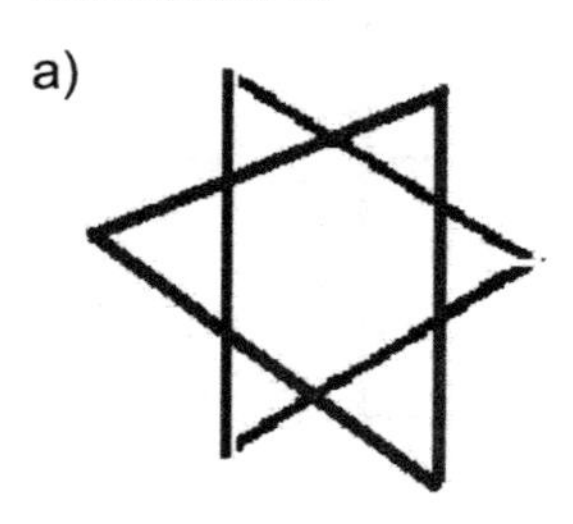

b)

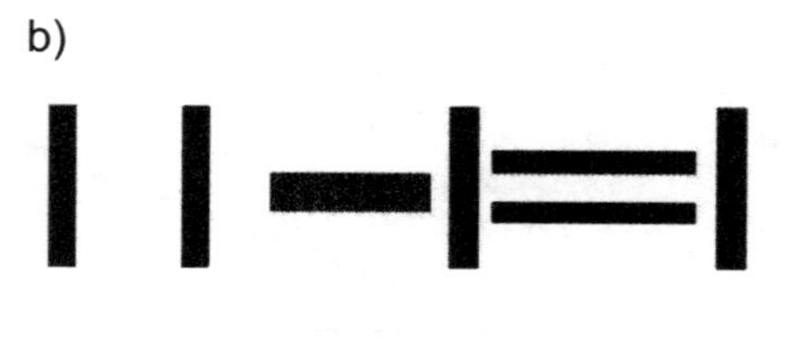

c)

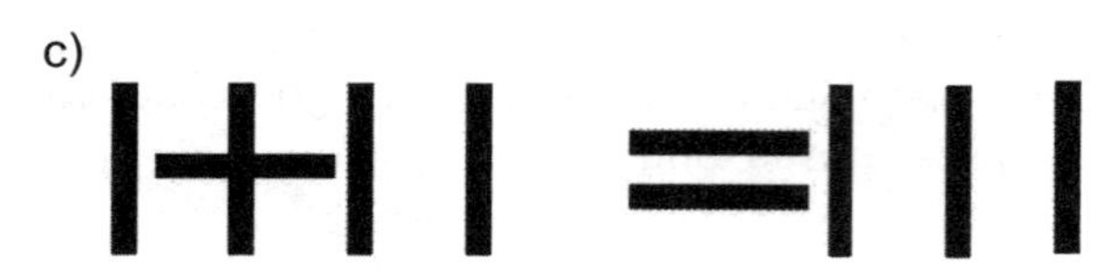

d)

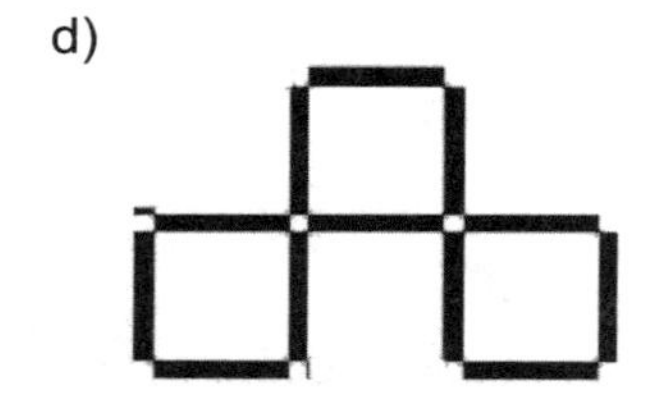

e)

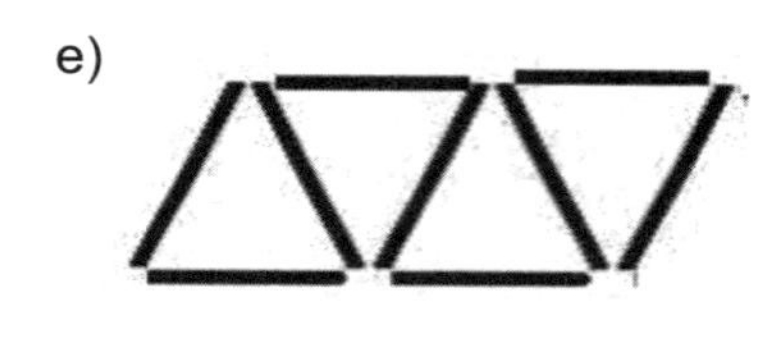

f) Existem várias soluções, vamos mostrar uma delas.

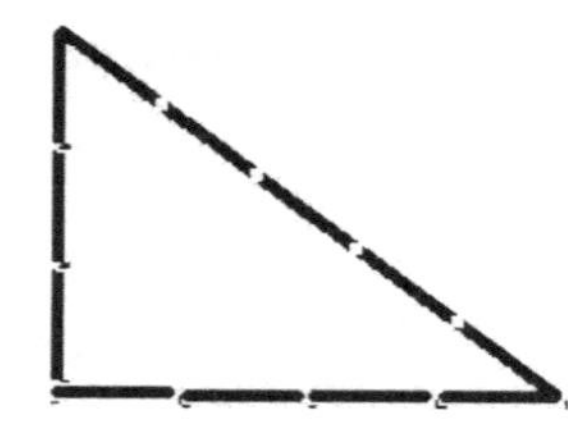

Sabemos que o triângulo retângulo ao lado, de catetos formados por 3 palitos e 4 palitos e hipotenusa igual a 5 palitos, tem área igual a (3 x 4) : 2 = 6 unidades quadradas.

Se, a partir dele, conseguirmos "subtrair" duas unidades quadradas, teremos a área que foi pedida.

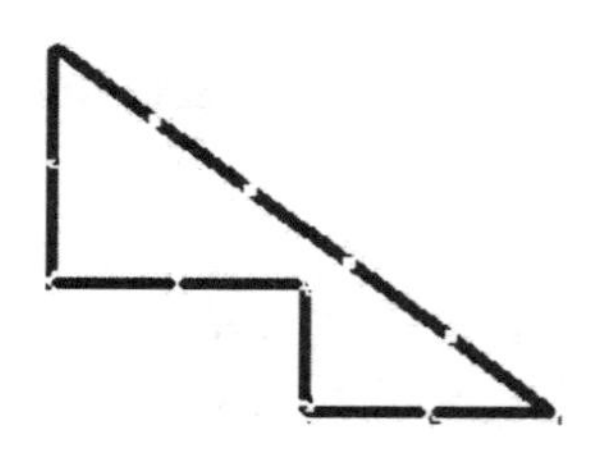

O polígono ao lado é uma das respostas possíveis. É formado pelos 12 palitos e tem área igual a 6 – 2 = 4 unidades quadradas.

Dependendo da série onde tal atividade for proposta, pode ser uma excelente oportunidade para comentar com os alunos sobre o fato de existirem polígonos com mesmo perímetros (isoperímetros) e áreas diferentes. Chame a atenção dos alunos para o fato de que, com esses 12 palitos, todos os polígonos criados terão o mesmo perímetro.

Atividade 3: A diagonal AC tem comprimento igual a 10.

Veja: Pela figura temos que o raio desse círculo é igual a 10. A diagonal BD é igual ao raio, logo, mede também 10. Sabemos que as duas diagonais do retângulo têm o mesmo comprimento, logo, a diagonal AC também mede 10 unidades.

Atividade 4: Sobrepondo as três tábuas, como mostra o modelo abaixo. Experimente testar o modelo com três réguas, sobre três latinhas de refrigerante.

Atividade 5: Coloca-se o vértice do esquadro num ponto qualquer da borda da roda e, com o lápis, marcam-se as interseções dos lados do esquadro com a borda da roda. Estes pontos definem as extremidades de um diâmetro do disco (lembre-se que o ângulo inscrito de 90º subentende um arco de 180º). Dessa forma, com o próprio esquadro, pode-se traçar esse diâmetro. Em seguida, girando o esquadro para outra posição, traçamos um outro diâmetro, procedendo da mesma forma. O ponto de interseção desses dois diâmetros será o centro procurado.

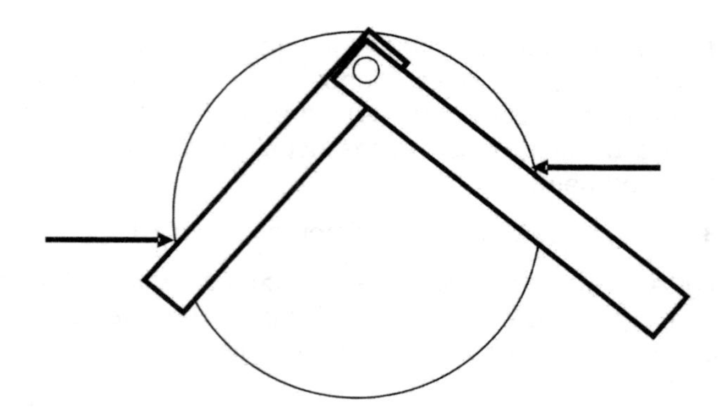

"Eu aprendi que o sucesso deve ser medido não tanto pela posição que alguém alcançou na vida e sim pelos obstáculos que teve que ultrapassar enquanto tentava alcançar o sucesso".

Booker T. Washington

Atividade 6: Resposta: CDE = 50º

Passo 1: Traça-se GE e EH, de tal modo que AG = AE e AH = AE. Isto torna o triângulo AGE isósceles e o triângulo AEH eqüilátero, logo, seus ângulos internos medem 60º.

Passo 2: Aplicando os conhecimentos da Lei angular de Tales e do ângulo de meia volta, podemos imediatamente deduzir que: o ângulo ACB = 20º, o ângulo AGE = 80º, o ângulo GEC = 60º, o ângulo ADB = 50º e o ângulo ABH = 100º. Sugerimos que você vá marcando esses ângulos sobre a figura do problema.

Passo 3: Os triângulos CGE e EBH são congruentes pois que os seus ângulos são iguais e CE = EH, pois CE = AE (o triângulo AEC é isósceles).

Passo 4: AD = AB (triângulo isósceles); AG = AH (por construção), logo

DG = BH (por subtração) mas, ocorre que GE = BH (pela congruência dos triângulos).

Passo 5: Finalmente, temos que o triângulo DGE é isósceles e o ângulo GDE = 50º.

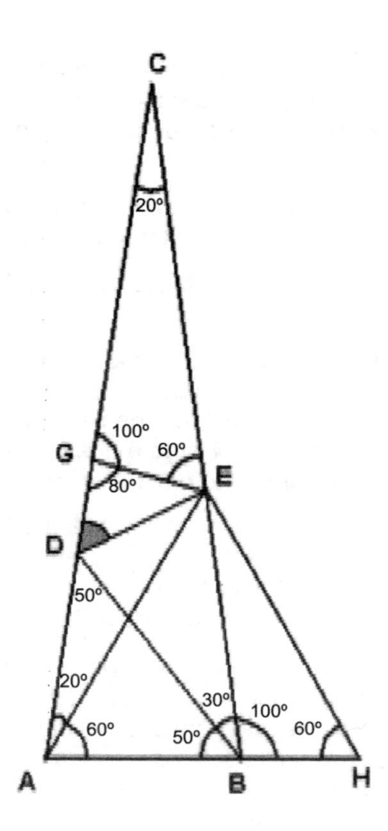

Atividade 7:

a. Normalmente as pessoas tendem a dizer que esse tijolinho terá 1kg. Mas, se ele é 4 vezes menor, todas as suas dimensões ficaram divididas por 4 e seu volume ficou dividido por $4 \times 4 \times 4 = 4^3 = 64$. Logo, se o tijolo normal tem 4 kg ou 4000 g, o tijolinho de brinquedo terá 4000 : 64 = 62,5 g.

Esta questão serve para trabalhar com nossos alunos um importante conceito de geometria, envolvendo figuras semelhantes. Se a razão de semelhança (linear) é k, a razão entre as áreas será k^2 e a razão entre os volumes será k^3.

b. A mais vantajosa é a maior e o raciocínio é semelhante ao da questão anterior. Veja: Se o raio da maior mede 25% a mais que o da menor, temos que $R = 1{,}25r$. Dessa forma, a razão entre os raios é 1,25 (razão de semelhança) logo, a razão entre os volumes será $1{,}25^3$ que é igual (aproximadamente) a 1,95. Isto significa que o volume da melancia maior é quase o dobro do da menor, enquanto que o preço foi apenas 50% maior.

Provavelmente esse pequeno comerciante deve ter faltado às aulas de geometria na Escola, ou então o tema não foi discutido em classe.

c. Essa é outra questão que costuma "assustar" à maioria das pessoas. Vejamos:

Se o cubo tem 1 metro cúbico de capacidade, seu lado pode ser dividido em 1000 partes de 1 milímetro cada uma (1 m = 1000 mm). Dessa forma, o volume desse cubo, em milímetros será igual a 1000 x 1000 x 1000 = 1 000 000 000 = 10^9 mm^3. Então o nosso cubo de 1 m^3, teoricamente falando, pode ser decomposto em 10^9 cubinhos de 1 mm^3.

Se fossemos "empilhar" esses cubinhos, teríamos uma fila de 1 000 000 000 mm de altura. Dividindo por 1 000 000 teremos a passagem de milímetro para quilômetro, ou seja, a fila teria 1000 km de altura, o que corresponde a mais de duas vezes a distância entre Rio e São Paulo.

d. Está correta a afirmação. Na Geometria Espacial de posição aprendemos que três pontos não colineares sempre definem um plano. É por essa razão que as três pernas do tripé estão sempre apoiadas firmemente ao chão que é o plano definido pelas extremidades inferiores dessas pernas. É por essa razão, puramente geométrica, que são usados tripés como bases para máquinas fotográficas e aparelhos de agrimensura. Uma quarta perna não tornaria essa base mais estável, ao contrário acabaria atrapalhando.

Este é um excelente exemplo que professores de matemática podem usar em suas aulas de Geometria Espacial de Posição, quando conceituam as condições de determinação de um plano.

e. Se representarmos por R o raio da circunferência descrita por seus pés (que seria o raio da Terra), o seu perímetro seria igual a $2 \times \pi \times R$ m. O raio da circunferência descrita pela cabeça do menino seria (R + 1,60) m. Dessa forma, o perímetro da circunferência maior (descrita pela cabeça) seria igual a $2 \times \pi \times (R + 1{,}60)$ m. Aplicando a propriedade distributiva da multiplicação em relação à adição, teremos: $2 \times \pi \times R + 2 \times \pi \times 1{,}60$ m. Este resultado nos dá que a diferença entre os perímetros dessas circunferências (que é o que se pede) é de aproximadamente $2 \times 3{,}14 \times 1{,}60 \cong$ **10 metros**.

Atividade 8: Uma das possíveis soluções:

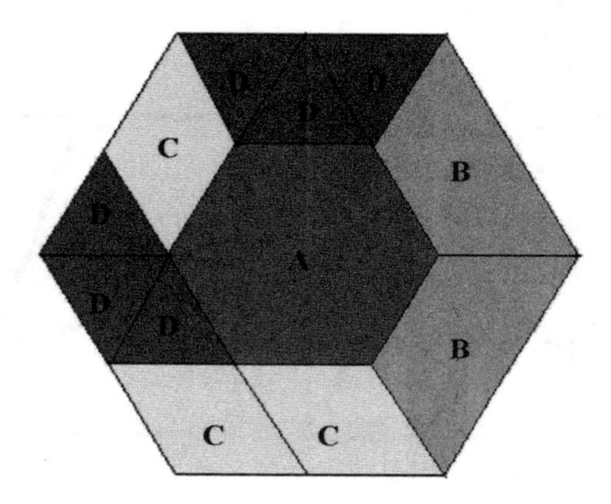

Atividade 9: É uma questão simples...o que a complica é quando as pessoas pretendem resolvê-la usando somente triângulos de um mesmo plano....assim fica impossível, mas, se usarmos um raciocínio espacial....veja:

Verifique que os quatro palitos podem formar um TETRAEDRO REGULAR, que é um poliedro formado por 4 faces triangulares eqüiláteras.

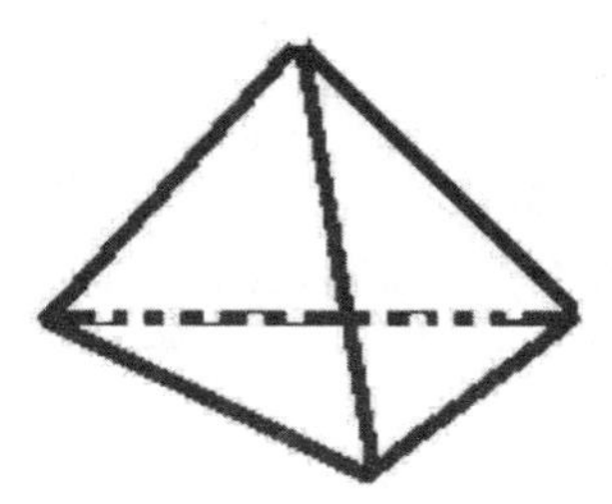

Atividade10:

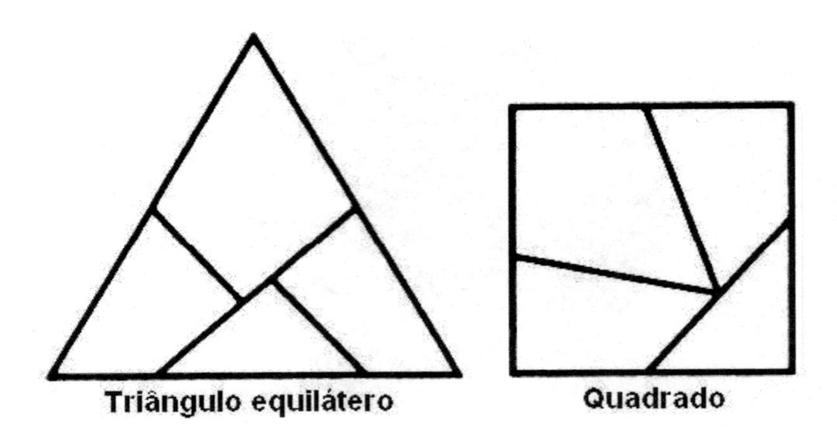

Atividade 11:

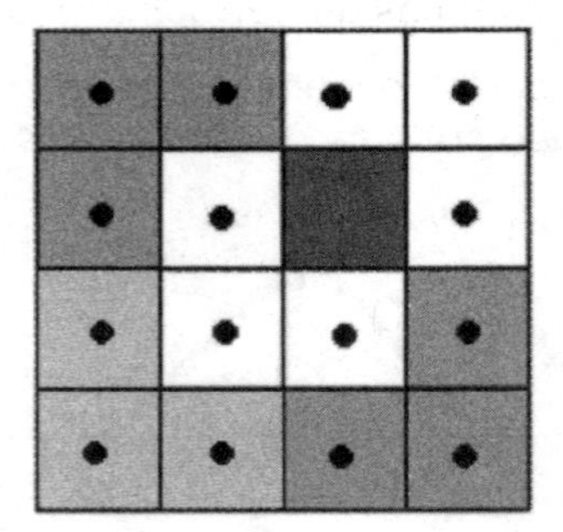

Observe que na solução que estamos apresentando, cada um dos cinco filhos receberá um lote em forma de "L", como o que está representado abaixo:

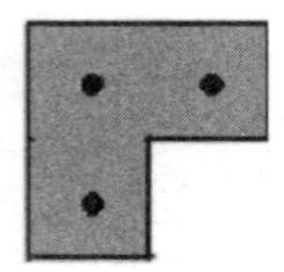

Na realidade, cada um dos lotes é um hexágono não convexo.

Atividade 12: Sabemos que existem mais de 30 soluções para esse problema. Vamos apresentar aqui três dessas soluções. Você, com certeza, encontrará outras.

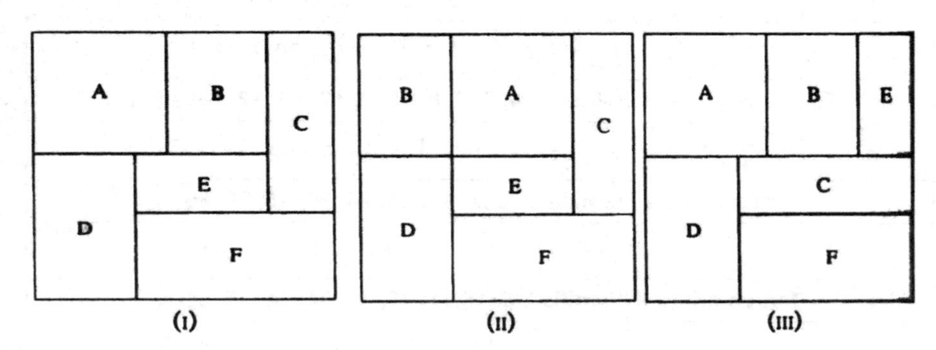

Atividade 13: A grande "dica" para resolver este problema é lembrar o que são triângulos retângulos pitagóricos. Os triângulos pitagóricos têm seus lados expressos por números inteiros e podem ser obtidos a partir das fórmulas:

$$x^2 - y^2 ; 2xy \text{ e } x^2 + y^2$$

e também os seus múltiplos, ou seja, os obtidos através da multiplicação dos valores encontrados por números inteiros positivos.

Podemos, inclusive, montar uma tabela de triângulos retângulos pitagóricos, atribuindo valores a x e y (inteiros, com x > y)

"Muitas vezes nossa maneira de justificar um erro agrava o erro".

William Shakespeare

Vejamos alguns exemplos:

x	y	Triângulo pitagórico
2	1	$2^2 - 1^2; 2.2.1$ e $2^2 + 1^2$ teremos: 3 4 5
Temos então a "família": 3, 4, 5; 6, 8, 10; 9, 12, 15; 12, 16, 20; ...		
3	2	$3^2 - 2^2; 2.3.2$ e $3^2 + 2^2$ teremos: 5 12, 1
Temos então a "família": 5, 12, 13; 10, 24, 26; 15, 36, 39 . ..		
4	1	$4^2 - 1^2; 2.4.1$e $4^2 + 1^2$ teremos: 15, 8 1
Temos então a "família": 8, 15,17; 16, 30, 34; 24, 45, 51 ...		
4	3	$4^2 - 3^2; 2.4.3$ e $4^2 + 3^2$ teremos: 7 24, 2
5	2	$5^2 - 2^2; 2.5.2$ e $5^2 + 2^2$ teremos: 21, 20, 2
5	4	$5^2 - 4^2; 2.5.4$ e $5^2 + 4^2$ teremos: 9 40, 4
6	1	$6^2 - 1^2; 2.6.1$ e $6^2 + 1^2$ teremos: 35, 12, 3
6	5	$6^2 - 5^2; 2.6.5$ e $6^2 + 5^2$ teremos: 11, 60, 6
7	2	$7^2 - 2^2; 2.7.2$ e $7^2 + 2^2$ teremos: 45, 128, 5

Na questão proposta, percebemos pela figura, que temos de encontrar quatro triângulos retângulos, com os lados expressos por números inteiros (Pitagóricos, portanto), cujos perímetros sejam os menores possíveis e que tenham um lado comum (com a mesma medida).

É uma simples questão de investigação. Olhando-se na tabela acima, vemos que os triângulos (de menores perímetros) que atendem às condições do problema são:

(9, 12, 15) - (5, 12, 13) - (12, 16, 20) - (12, 35, 37)

Voltando ao modelo do problema, teremos:

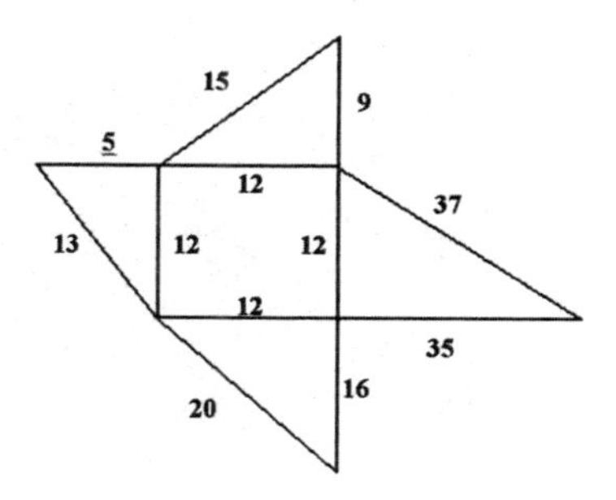

Dessa forma, o perímetro da fazenda será igual a:

5 + 15 + 9 + 37 + 35 + 16 + 20 + 13 = **150 km**

Atividade 14:

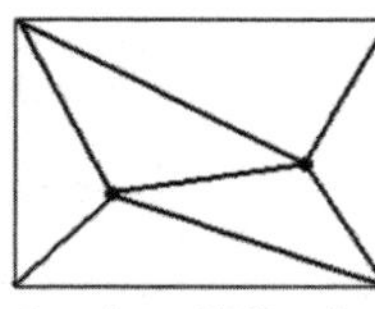
2 pontos = 6 triângulos

Observe que, se designarmos por N o número de triângulos formados, a soma de TODOS os ângulos internos desses triângulos será igual a 180° . N. Por outro lado, essa soma pode também ser feita através da soma dos 4 ângulos retos do retângulo, mais a soma dos ângulos formados em torno dos n pontos, ou seja, 360° + 360° . n.

Como essa soma dos ângulos internos desses triângulos é única, é claro que as duas expressões que obtivemos no quadro anterior devem ser iguais, ou seja:

180° . N = 360° + 360° . n ou ainda, dividindo tudo por 180°, teremos:

N = 2 . n + 2

Isso significa dizer que a quantidade de triângulos formados corresponde ao dobro do número de pontos usados, mais dois. No caso do nosso problema, como são 20 pontos, teremos então **N = 2 . 20 + 2 = 42 triângulos**.

(adaptação de atividade sugerida em: Revista do Professor de Matemática, SBM, vol. 15, 1989).

Atividade 15: As setas indicam as bolinhas que deveriam deslocar-se.

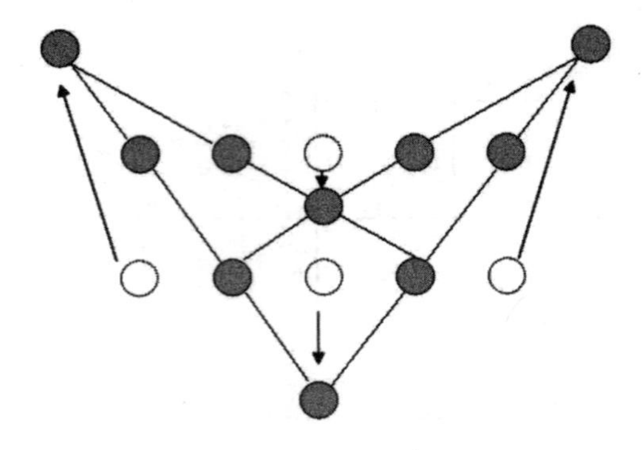

"O professor que tenta ensinar sem infundir no aluno o desejo de aprender está malhando em ferro frio".

Horace Mann

Capítulo 3

Curiosidades, História da Matemática e Temas para sala de aula

Nessa terceira parte do nosso livro iremos apresentar alguns temas curiosos, fatos da história da Matemática ou temas interessantes para alunos da Educação Básica.

Assuntos como códigos de barras, dígitos de controle do CPF dos trabalhadores, números palíndromos, as torres de Hanói, a morte de Arquimedes, o princípio da casa dos pombos e criptografia serão abordados ao longo do capítulo.

São temas que, normalmente, não costumam estar presentes nos livros didáticos ou nas aulas da Educação Básica e que, por conta da originalidade, contextualização, aplicabilidade ou mesmo ludicidade, poderiam servir de pontos de partida para o trabalho com diversos temas tradicionais da matemática básica, como números primos, aritmética modular, múltiplos e divisores, princípio fundamental da contagem, teorema de Pitágoras, equação do 2º grau, entre outros.

Os tópicos desse capítulo não estão presos a qualquer tipo de sequência lógica ou cronologia das séries e também podem ser uma leitura complementar para todas as pessoas que se interessem pelas coisas da matemática.

ATIVIDADE 1. PALÍNDROMOS NUMÉRICOS (NÚMEROS CAPICUA)

Você já deve saber que um palíndromo é uma palavra ou frase que se lê da mesma forma nos dois sentidos (da esquerda para a direita e da direita para a esquerda). Veja alguns exemplos:

a. ovo

b. Roma é amor

c. Socorram-me subi no onibus em Marrocos

d. A base do teto desaba

e. A cara rajada da jararaca

f. O namoro do romano

Existem também números que possuem essa propriedade e são também chamados de palíndromos ou capicua. Veja:

a. 10233201

b. 303

c. 145 626 541

Como gerar números palíndromos? Conhecemos uma regrinha interessante:

- Escolha um número, escreva o número da direita para a esquerda e some este novo número com o original.
- Se o resultado não for um palíndromo, repita o processo tantas vezes quantas necessárias.

Exemplos:

- Escolhi 15, escrevendo ao contrário, temos 51. Somando 15 + 51 = 66, um palíndromo.
- Escolhi 29, escrevendo ao contrário, dá 92. Somando 29+92 = 121, um palíndromo.
- Escolhi 87, escrevendo ao contrário, tenho 78. Somando 87+78 = 165, que ainda não é um palíndromo, logo:
    - escrevendo ao contrário, obtenho 561. Somando 165 + 561 = 726, ainda não é palíndromo.

- Continuo repetindo o processo:
- 726+267 = 1.353. Continuo:
- 1353 + 3531 = 4.884, que finalmente é um palíndromo!

- Escolhendo 132 e aplicando este método:

  1. escrevendo ao contrário, dá 231
  2. somando 132+231= 363, palíndromo

- Escolhendo 153

  1. escrevendo ao contrário, dá 351
  2. somando 153 +351 = 504. Continuando:
  3. escrevendo ao contrário, dá 405
  4. somando 504 + 405 = 909, um palíndromo

Questões para investigação em sala de aula:

Será que este método dá certo para *todos* os números na base decimal?

A conjectura palíndroma é que, qualquer que seja o número inicial escolhido, se chega sempre a um palíndromo, após um número finito de passos. Mas ninguém ainda provou que isto é realmente verdadeiro, portanto, é uma conjectura.

O menor número inteiro que pode ser um contra exemplo dessa conjectura é o 196.

Através de computadores, já o levaram a centenas de milhares de passos, conforme fizemos nos exemplos anteriores, sem se obter um palíndromo, ou seja:

196 + 691 = 887

887 + 788 = 1675

1675 + 5761 = 7436

E, assim sucessivamente, sem (até hoje) ser encontrado um palíndromo. Todavia, ainda não há prova que esse número (196) nunca gere um palíndromo.

Existem várias outras particularidades sobre os números palíndromos.

Uma delas é que todo número palíndromo com um número par de dígitos é divisível por 11, ou seja, o resto da sua divisão por 11 é zero.

Exemplos:

731137 (número palíndromo com seis dígitos)

95344359 (número palíndromo com oito dígitos)

Se dividirmos qualquer um desses números por 11, o resto será nulo.

A demonstração dessa propriedade é imediata, bastando lembrar os critérios de divisibilidade de um número natural, por 11. Que tal você tentar?

Uma curiosidade:

Quarta-feira, dia 20 de fevereiro de 2002 foi uma data histórica. Durante um minuto, houve uma conjunção de números que somente ocorre duas vezes por milênio.

Essa conjugação ocorreu exatamente às 20 horas e 02 minutos de 20 de fevereiro do ano 2002, ou seja, 20:02 20/02 2002.

É uma simetria que na matemática é chamada de capicua (algarismos que dão o mesmo número quando lidos da esquerda para a direita, ou vice-versa). A raridade deve-se ao fato de que os três conjuntos de quatro algarismos são iguais (2002) e simétricos em si (20:02, 20/02 e 2002).

A última ocasião em que isso ocorreu foi às 11h11 de 11 de novembro do ano 1111, formando a data 11h11 11/11/1111. A próxima vez será somente às 21h12 de 21 de dezembro de 2112 (21h12 21/12/2112). Provavelmente não estaremos aqui para presenciar.

Depois, nunca mais haverá outra capicua. Em 30 de março de 3003 não ocorrerá essa coincidência matemática, já que não existe a hora 30.

Fonte: http://www.matematiques.hpgvip.ig.com.br/curiosidadesmatematicas.htm

Uma questão para investigação:

- Observe a lei de formação dos números palíndromos abaixo:

$1^2 = 1$

$1\ \ ^2 = 121$

$111^2 = 12321$

$1111^2 = 1234321$

Qual será o valor d $\sqrt{1234567654321}$?

Você está sendo desafiado pelos Palíndromos ...

ATIVIDADE 2. O TEOREMA DE PITÁGORAS E O PRESIDENTE GARFIELD

James Abrahan Garfield (1831 – 1881) foi o vigésimo presidente dos Estados Unidos e era um grande estudioso e entusiasta da matemática. Em 1876, enquanto estava na Câmara de Representantes, rabiscou num papel uma interessante demonstração do Teorema de Pitágoras. O New England Journal of Education publicou esta demonstração.

Todos sabemos que, para um triângulo retângulo de catetos **b** e **c** e hipotenusa **a,** vale a relação $a^2 = b^2 + c^2$, que é o teorema de Pitágoras.

Vejamos como era a demonstração de Garfield:

Ele começou desenhando um triângulo retângulo, de catetos **b** e **c** e hipotenusa **a.** Em seguida repetiu o mesmo triângulo, em outra posição e com um dos vértices coincidindo. Dessa forma ele colocou em alinhamento o cateto **b** de um dos triângulos, com o cateto **c** do outro.

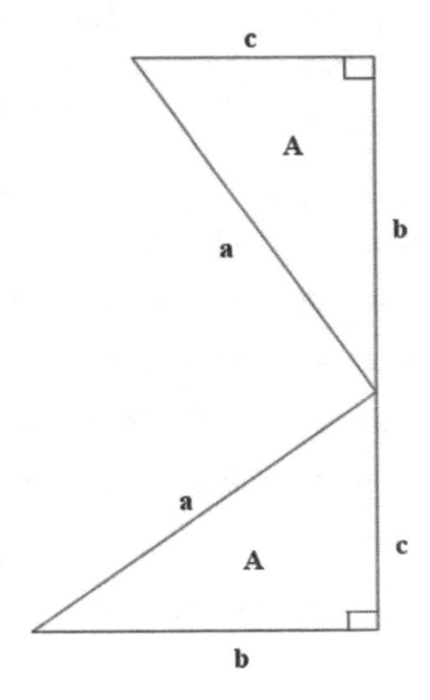

Em seguida, "fechou" a figura, obtendo um trapézio retângulo constituído pelos dois triângulos retângulos iniciais (iguais) e um outro triângulo que, como vamos demonstrar, é também um triângulo retângulo.

> *"Aprendi muitas coisas com meus mestres; aprendi muitas coisas com meus amigos; e aprendi ainda mais com meus alunos".*
>
> ***Talmude – O Livro da Sabedoria e Jurisprudência***

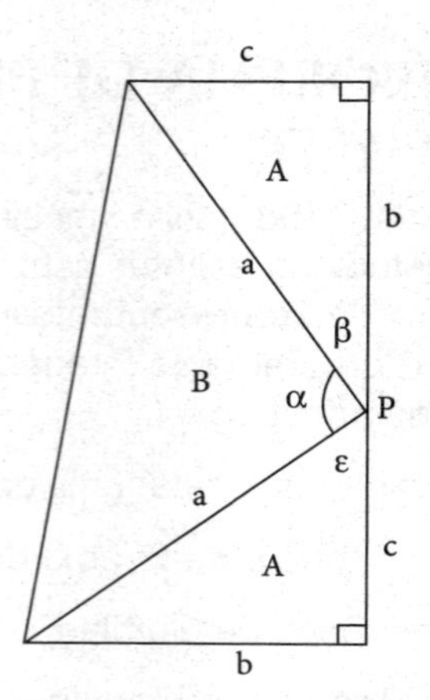

Precisamos mostrar que o ângulo α tem medida de 90º, para confirmar a afirmativa de que o terceiro triângulo (B) é também retângulo.

Como o triângulo inicial (A) é retângulo, temos que os ângulos β e ε somam 90º (pela Lei angular de Tales). Dessa forma, olhando os três ângulos formados em torno do ponto P, e do mesmo lado de uma reta, teremos que $\beta + \varepsilon + \alpha = 180^\circ$, nos levando a concluir que α mede também 90º e o triângulo B é também retângulo.

Observe ainda que as três partes unidas geraram um **TRAPÉZIO RETÂNGULO**, cuja altura é **b + c** e cujas bases são **b** e **c**.

Podemos calcular a área desse trapézio de duas formas:

a. Diretamente pela fórmula da área do trapézio

b. Somando as áreas dos três triângulos retângulos (2A e 1B)

É claro que, não importa a forma do cálculo, esses dois resultados devem ser iguais. Vejamos:

Por a) (metade da soma das bases) x altura ou $\boxed{\frac{(b+c)}{2}\cdot(b+c)}$

Por b) soma das áreas das partes: 2 . A + B ou $2.\frac{b.c}{2}+\frac{a.a}{2}$

Igualando as duas expressões obtidas, teremos:

$$bc + \frac{a^2}{2} = \frac{(b+c)^2}{2}$$

$2bc + a^2 = b^2 + 2bc + c^2$

ou, finalmente, $a = b^2 + c^2$

Atualmente já existem registradas cerca de 400 demonstrações diferentes do teorema de Pitágoras.

ATIVIDADE 3. A MORTE DE ARQUIMEDES

(287 a.C – 212 a.C)

Arquimedes, filho do astrônomo Fídeas, era nativo de Siracusa, foi um matemático e inventor grego, que nos legou inúmeras contribuições científicas, entre elas as leis das alavancas e das roldanas. As suas descobertas conduziram à criação de máquinas capazes de moverem com facilidade pesos enormes, incluindo máquinas de guerra.

O fato curioso que vamos narrar ocorreu por volta de 213 a.C, durante a Segunda Guerra Púnica, Siracusa esteve cercada pelos romanos. Durante esse período, Arquimedes inventou engenhosas armas de defesa – catapultas, roldanas e ganchos para erguer os navios romanos e fazê-los esmagarem-se contra as rochas. Inventou também espelhos parabólicos para incendiar esses navios agressores. As suas invenções ajudaram a inibir os ataques por cerca de três anos, até que Siracusa acabou por cair nas mãos dos romanos.

Marcus Claudios Marcellus, comandante da armada romana, deu ordens expressas para que, durante a invasão, não agredissem Arquimedes. Um soldado romano entrou na casa de Arquimedes e descobriu-o pensativo, entretido com um intrigado problema de matemática, completamente alheio a sua presença. O soldado ordenou-lhe que parasse o estudo, mas Arquimedes nem deve ter escutado. Dessa forma, o soldado enraivecido, matou-o com a sua espada.

ATIVIDADE 4. TORRES DE HANÓI

Em fins do século XIX, surgiu um intrigante e curioso passatempo conhecido como "Torres de Hanói". Até hoje as pessoas se concentram e se divertem com esse jogo que também tem sido usado pelos professores para exemplificar algumas ideias matemáticas. Sobre o jogo, existe uma curiosa lenda:

> *Conta-se que, quando o Universo foi criado, um grupo de monges, em um mosteiro secreto, recebeu de Deus um conjunto de 64 discos de ouro, perfurados no centro, enfiados num grande pino, empilhados em ordem decrescente de tamanho, ou seja, o maior embaixo e o menor no topo da pilha formada. Além disso, eles receberam dois pinos iguais ao primeiro, mas vazios. O jogo consiste no seguinte:*
>
> a. *Movimentar os discos de um pino para o outro, um de cada vez, mexendo apenas no que estiver na parte de cima da pilha.*

b. Um disco jamais pode ficar acima de um outro menor.

O trabalho dos monges consistia em transportar toda a pilha dos 64 discos para um dos outros pinos. Conta a lenda que quando eles terminassem o trabalho, seria o fim do Universo.

Existem vários modelos do jogo à venda nas casas especializadas mas qualquer pessoa pode construir um com papel e varetas de bambu, por exemplo.

Se usarmos dois discos o jogo fica fácil e bastam 3 movimentos para movimentá-los para um outro pino.

Com três discos a quantidade de movimentos necessária já sobe para 7, com 4 discos, para 15. (experimente fazer esses movimentos com o modelo que construir).

O que ocorre é que, aplicando o princípio fundamental da contagem, e lembrando que cada disco pode estar ou não no pino (duas possibilidades), podemos demonstrar que para **n** discos, o número mínimo de movimentos para concluir o jogo é dado por $2^n - 1$.

Voltando à lenda, verificamos que para 64 discos seriam necessários $2^{64} - 1$ movimentos, o que dá 18 446 744 073 709 551 615 de movimentos.

A título de curiosidade, se imaginarmos que os monges trabalhassem ininterruptamente, sem errar e gastando apenas um segundo por movimento, seriam necessárias, aproximadamente, 5 124 095 576 030 431 horas.

Isso corresponde a 213 503 982 334 601 dias ou 584 942 417 355 anos.

Ainda bem que conhecemos a matemática e ela nos garante que, caso a lenda esteja certa, o fim do Universo está ainda muito longe.

Existem diversas versões virtuais para o jogo, para os que tem acesso à internet, seguem alguns endereços:

http://www.psicoactiva.com/juegos/hanoi/jg_hanoi.htm

http://www.matematica.br/programas/hanoi/

http://www.cut-the-knot.org/recurrence/hanoi.shtml

http://nlvm.usu.edu/en/nav/frames_asid_118_g_3_t_2.html

http://www1.terra.com.ar/juegos/torres/torres.shtml

ATIVIDADE 5. O PRINCÍPIO DAS CASAS DOS POMBOS

Vamos imaginar a seguinte situação: que você tenha 4 pombos, para alojar em 3 casas disponíveis. É claro que, obrigatoriamente, pelo menos dois desses pombos terão de ficar em uma mesma casa.

Esse princípio simples, que pode ser generalizado como "se dispomos de **(n +1)** pombos para colocar em **n** casas, então, certamente que ao menos dois deles terão de ser colocados em uma dessas casas."

Esse princípio, que é uma contribuição de Dirichlet (1805 – 1859), da Universidade de Gottingen (Alemanha) pode ser usado na resolução de diversos problemas de matemática.

Veja o seguinte exemplo: "Você tem uma gaveta de seu armário com 12 pares de meias brancas (todas iguais entre si), 8 pares de meias pretas (todas iguais entre si) e 5 pares de meias azuis (todas iguais entre si). Acontece que ocorreu um problema com o fornecimento de energia elétrica e ficou tudo escuro. Você precisa, para sair, pegar uma quantidade de meias que lhe garanta que duas ao menos serão da mesma cor. Quantas meias você deve pegar?"

Acertou, se respondeu quatro meias, já que as quantidades existentes não são importantes, o que importa é a quantidade de cores existentes (como as casas dos pombos). Já que são três cores, precisamos retirar uma a mais (quatro). Dessa forma estamos garantindo que duas, pelo menos, serão iguais, pelo princípio das casas dos pombos.

Observe agora um outro exemplo:

Quantas pessoas devem existir num grupo de modo a que possamos garantir que duas delas, pelo menos, nasceram no mesmo mês?

A resposta, pelo mesmo princípio da casa dos pombos é 13 pessoas, já que são 12 os meses do ano (casas dos pombos) e precisamos ter uma pessoa a mais.

Responda agora: Quantas pessoas deveriam estar no grupo, de modo a que, ao menos quatro delas, com certeza, tenham nascido no mesmo mês?

A resposta é 37 pessoas. Por que?

ATIVIDADE 6. CURIOSIDADES SOBRE NÚMEROS PRIMOS

Número primo é todo número inteiro maior que 1 que somente é divisível por si próprio e pela unidade.

Algumas características:

- Existem mais números primos entre 1 e 100 do que entre 101 e 200.
- Existem infinitos números primos (uma demonstração foi feita por Euclides).
- Os números primos, exceto o número 2, são todos ímpares e se dividem em duas classes: uma composta de múltiplos de 4 menos 1 (3, 11, 19, etc.) e outra formada de múltiplos de 4 mais 1 (5, 13, 17, etc.). Para números menores que um trilhão há mais primos da classe "menos 1". Por métodos teóricos já ficou demonstrado que para números muito grandes o padrão muda para a classe "mais 1".

Goldbach conjecturou – o que ainda não foi demonstrado se falso ou verdadeiro – que qualquer número par superior a 2 é a soma de dois números primos. Este é um dos famosos problemas de matemática, propostos por Hilbert e, até hoje, sem solução. Existe um prêmio de US$ 1 000 000, para quem resolvê-lo.

Recomendamos, para quem ainda não leu, a leitura do interessante livro "Tio Petros e a Conjectura de Goldbach", de Apóstolos Doxiadis.

Exemplificando a Conjectura de Goldbach:

4 = 2 + 2

6 = 3 + 3

8 = 3 + 5

10 = 5 + 5

12 = 5 + 7 e assim por diante.

Essa conjectura foi sugerida por Goldbach numa carta que escreveu a Euler, datada de 7 de junho de 1742. E desde então inúmeros matemáticos tentam demonstrá-la.

Outra conjectura, a de que existem infinitos números primos gêmeos, também não foi demonstrada. Números primos gêmeos são números primos cuja diferença é 2, tais como 17 e 19, 41 e 43 ou 59 e 61.

Os números primos vêm intrigando os matemáticos há muito tempo. Dizem que muitos deles enlouqueceram tentando obter uma fórmula geral para esses números.

Atualmente, os fatores primos de números monstruosos são usados como chaves de criptografia. E esses fatores primos, quando descobertos, são guardados "a sete chaves", pois fazem parte da segurança nacional de muitos países.

Vamos tentar explicar isso sucintamente.

Criptografia vem do grego – *kryptos* significa *oculto, envolto*; *graphos* significa *escrever*. Para podermos decifrar um código, uma criptografia, é necessária "uma chave criptográfica". E quanto mais segura essa chave, mais difícil a quebra do código. Isso tudo é decorrência da luta intelectual contínua entre criptógrafos (criadores de códigos) e criptoanalistas (quebradores de códigos).

Depois de muito desenvolvimento nessa área, temos hoje o que se chama criptografia assimétrica, com a utilização de fatores primos de números monstruosos.

Por que isso? Porque, quando o número for tremendamente grande, o processo de fatoração é praticamente impossível.

Por exemplo, o número (2^{193} - 1) é um número gigantesco. Os fatores primos desse número, ou seja, os números primos que multiplicados resultam em (2^{193} - 1) são:

p = 13.821.503;

q = 61.654.440.233.248.340.616.559;

r = 14.732.265.321.145.317.331.353.282.383.

$p \times q \times r = 2^{193} - 1$

Evidentemente, esse resultado foi obtido por computador.

Todavia, para um número da ordem de 10^{130}, um computador comum levaria 50 anos para efetuar a sua fatoração. E para um número da ordem de 10^{308}, mesmo com os esforços combinados de 100 milhões de computadores, seriam necessários mais de 1000 anos!

Fatores primos de números dessa ordem de grandeza são usados na criptografia de transações bancárias e nos serviços de segurança de vários países. Para quem se interessar por história da criptografia recomendamos a leitura do *Livro dos Códigos,* de Simon Singh.

Os maiores gênios da criptografia são pessoas desconhecidas, pois, em geral, trabalham em serviços secretos de seus países.

Martin Gardner, famoso matemático americano, fez um desafio para a decodificação de um texto cifrado por ele em agosto de 1977, e forneceu para a chave um número enorme:

114.381.625.757.888.867.669.235.779.976.146.612.010.218.296. 721.242.3 62.562.561.842.935.706.935.245.733.897.830.597.123.563. 958.705.058.98 9.075.147.599.290.026.879.543.541

Para decifrar o texto seria necessário obter os fatores primos desse número. E isso só foi conseguido dezessete anos depois, pelo esforço conjunto de 600 pessoas de várias nacionalidades e com a utilização de computadores e supercomputadores, em 26 de abril de 1994.

Os fatores desse número.

p = 3.490.529.510.847.650.949.147.849.619.903.898.133.417.764. 638.493.387.843.990.820.577

q = 32.769.132.993.266.709.549.961.988.190.834.461.413.177.642. 967.992.942.539.798.288.533

Ou seja, N = p x q

Número Primo de Mersenne:

Primos da forma $2^p - 1$, com *p* primo, têm sido estudados há séculos e são conhecidos como *primos de Mersenne*; não é difícil demonstrar que $2^p - 1$ só pode ser primo quando *p* é primo. Isto não significa que TODO número da forma $2^p - 1$ será primo, com p primo.

Parte do interesse em primos de Mersenne deve-se à sua ligação com números perfeitos. Um número perfeito é um inteiro positivo que é igual à soma de seus divisores próprios (como 6 = 1 + 2 + 3 e 28 = 1 + 2 + 4 + 7 + 14).

Os números perfeitos pares são precisamente os números da forma $2^{p-1}(2^p - 1)$ onde $2^p - 1$ é primo (um primo de Mersenne).

Talvez o primeiro resultado não trivial sobre primos de Mersenne seja devido a Hudalricus Regius que em 1536 mostrou que $2^p - 1$ não precisa ser primo sempre que *p* for primo:

Ele mostrou que $2^{11} - 1$ não é primo, veja: $2^{11} - 1 = 2047$ que é igual a 23 x 89, logo um número composto.

Em 1603, Pietro Cataldi tinha verificado que $2^{17} - 1$ e $2^{19} - 1$ eram números primos. Fermat mostrou que $2^{23} - 1$ e $2^{37} - 1$ eram números compostos. Em 1644, o frei Marin Mersenne afirmou, incorretamente, que $2^{p} - 1$ era primo para os valores de p iguais a 2, 3, 5, 7, 13, 17, 19, 31, 67, 127 e 257 e que esse tipo de número seria composto para os demais valores de p, inferiores a 257. Esta afirmação levou séculos para ser corrigida. Como exemplo dos erros cometidos por Mersenne, citamos que $2^{47} - 1$ é primo e $2^{257} - 1$ é composto.

Marin Mersenne (1588 – 1648) foi um frei franciscano francês que dedicou boa parte de sua vida ao estudo da matemática, escrevendo livros e contribuindo para o desenvolvimento de teorias através de sua correspondência com Fermat e outros matemáticos da época.

Até 04 de setembro de 2006 eram conhecidos 44 números primos de Mersenne. Até a publicação de nosso livro, possivelmente a lista já estará maior. Abaixo, temos a listagem completa:

#	*n*	M_n	Digitos	Data de	Descobridor
1	2	3	1	*antiguidade*	*antiguidade*
2	3	7	1	*antiguidade*	*antiguidade*
3	5	31	2	*antiguidade*	*antiguidade*
4	7	127	3	*antiguidade*	*antiguidade*
5	13	8191	4	1456	*anônimo*
6	17	131071	6	1588	Cataldi
7	19	524287	6	1588	Cataldi
8	31	2147483647	10	1772	Euler
9	61	2305843009213693951	19	1883	Pervushin
10	89	618970019...449562111	27	1911	Powers
11	107	162259276...010288127	33	1914	Powers
12	127	170141183...884105727	39	1876	Lucas
13	521	686479766...115057151	157	30/01/1952	Robinson
14	607	531137992...031728127	183	30/01/1952	Robinson
15	1,279	104079321...168729087	386	25/06/1952	Robinson
16	2,203	147597991...697771007	664	07/10/1952	Robinson

17	2,281	446087557...132836351	687	09/10/1952	Robinson
18	3,217	259117086...909315071	969	08/09/1957	Riesel
19	4,253	190797007...350484991	1,281	03/11/1961	Hurwitz
20	4,423	285542542...608580607	1,332	03/11/1961	Hurwitz
21	9,689	478220278...225754111	2,917	11/05/1963	Gillies
22	9,941	346088282...789463551	2,993	11/05/1963	Gillies
23	11,213	281411201...696392191	3,376	02/06/1963	Gillies
24	19,937	431542479...968041471	6,002	04/03/1971	Tuckerman
25	21,701	448679166...511882751	6,533	30/10/1978	Noll & Nickel
26	23,209	402874115...779264511	6,987	09/02/1979	Noll
27	44,497	854509824...011228671	13,395	08/04/1979	Nelson & Slowinski
28	86,243	536927995...433438207	25,962	25/09/1982	Slowinski
29	110,503	521928313...465515007	33,265	25/09/1988	Colquitt & Welsh
30	132,049	512740276...730061311	39,751	20/09/1983	Slowinski
31	216,091	746093103...815528447	65,050	05/09/1985	Slowinski
32	756,839	174135906...544677887	227,832	19/09/1992	Slowinski & Gage
33	859,433	129498125...500142591	258,716	10/01/1994	Slowinski & Gage
34	1,257,787	412245773...089366527	378,632	03/09/1996	Slowinski & Gage
35	1,398,269	814717564...451315711	420,921	13/11/1996	GIMPS / Joel Armengaud
36	2,976,221	623340076...729201151	895,932	24/08/1997	GIMPS / Gordon Spence
37	3,021,377	127411683...024694271	909,526	27/01/1998	GIMPS / Roland Clarkson
38	6,972,593	437075744...924193791	2,098,960	01/06/1999	GIMPS / Nayan Hajratwala
39	13,466,917	924947738...256259071	4,053,946	14/11/2001	GIMPS / Michael Cameron
40*	20,996,011	125976895...855682047	6,320,430	17/11/ 2003	GIMPS / Michael Shafer
41*	24,036,583	299410429...733969407	7,235,733	15/05/2004	GIMPS / Josh Findley
42*	25,964,951	122164630...577077247	7,816,230	18/02/2005	GIMPS / Martin Nowak
43*	30,402,457	315416475...652943871	9,152,052	15/12/2005	GIMPS / Curtis Cooper
44*	32,582,657	124575026...053967871	9,808,358	04/09/2006	GIMPS / Curtis Cooper

Fonte: http://www.utm.edu/research/primes/largest.html

Importante: Qualquer pessoa que tenha um microcomputador conectado à Internet pode participar da procura por grandes números primos e concorrer a mais de meio milhão de dólares americanos em dinheiro, divididos em quatro prêmios: o primeiro de US$ 50.000 se o novo número primo tiver no mínimo 10^6 dígitos, o segundo de US$ 100.000 se ele tiver 10^7 dígitos, o terceiro de US$ 150.000 se tiver 10^8 dígitos e o quarto de US$ 250.000 se tiver 10^9 dígitos.

As regras oficiais do concurso podem ser encontradas no site **http://www.eff.org/coop-awards/** da Electronic Frontier Foundation que o está patrocinando com o objetivo de incentivar usuários da Internet, situados em qualquer parte do planeta, a cooperar na solução de problemas científicos que demandam massivas quantidades de computação.

Existe um projeto, denominado **Gimps** (Great Internet Mersenne Prime), elaborado pelo canadense Michael Cameron. O Gimps se baseia num software, criado pela empresa Entropia, que divide a tarefa em milhares de micros computadores ligados à internet. Se você tem um micro computador e quer participar da brincadeira é só baixar o software no site *www.uol.com.br/info/aberto/download/2090.shl*.

> *"Se teus projetos têm prazo de um ano, semeia trigo. Se teus projetos têm prazo de dez anos, planta árvores frutíferas. Se teus projetos têm prazo de um século, então educa o povo".*
>
> ***Kuan Tseu***

Como foi que Euclides demonstrou que o conjunto dos números primos é infinito?

Um exemplo interessante envolvendo números primos é a demonstração criativa e simples encontrada por Euclides de Alexandria (século III a.C), em um de seus 13 volumes de sua famosa obra "Os Elementos" para demonstrar que o conjunto dos números primos era INFINITO.

Euclides usou o método de **"redução ao absurdo"** e sua demonstração é considerada uma das mais belas de todos os tempos. Vejamos como foi esta demonstração:

Vamos partir da suposição de que existe um número finito de números primos. Se isso for verdade, então deve existir um último número primo. Seja x este número. A sequência de números primos até o x seria a seguinte:

2, 3, 5, 7, 11, 13, 17, ... x ⟶ **SUPOSTO ÚLTIMO**

Depois disto Euclides imaginou um número composto (N) muito grande formado pelo produto de todos os números primos, do primeiro ao "último", ou seja:

N = 2.3.5.7.11.13.17. X

Verificamos que tal número, assim construído, seria um número composto, já que seria divisível por 2, por 3, por 5, por 7, ...

Euclides imaginou ainda um outro número, maior do que N, e é claro que maior do que x, definido por M = N + 1. É claro que este número M não é divisível por qualquer dos números primos de 1 até x, pois deixaria resto 1 ao ser dividido por 2, por 3, por 5, por 7, ...por x (que supostamente seria o "último" primo).

Temos então aqui duas possibilidades: ou **M é primo** (e maior que x) ou é **composto e seus fatores primos são maiores que x**. Em ambos os casos temos uma **contradição** com o fato de x ser o último número primo, o que comprova a nossa hipótese.

Assim, de forma relativamente simples e bastante criativa, Euclides provou, por redução ao absurdo, que o conjunto dos números primos é infinito.

Para alunos do Ensino Fundamental ou Médio, seria interessante completar a demonstração com alguns exemplos:

Para x = 7, teríamos: M = 2 . 3. 5. 7 + 1 = 211 (primo)

Para x = 11, teríamos: M = 2 . 3. 5. 7 . 11 + 1 = 2311 (primo)

Para x = 13, teríamos: M = 2 . 3. 5. 7 . 11 . 13 + 1 = 30031 (composto). Veja, 59 x 509 = 30031.

Com esses exemplos, o aluno perceberia que a expressão criada por Euclides pode gerar números primos (maiores que x) ou números compostos que possuem fatores primos também maiores que x.

> *"Nenhum educador de mediano bom senso vai achar que a educação, por si só, liberta. Mas também não pode deixar de reconhecer o papel da educação na luta pela libertação".*
>
> ***Paulo Freire***

ATIVIDADE 7. TRATAMENTO DA INFORMAÇÃO NO ENSINO FUNDAMENTAL: TRADUZINDO CÓDIGOS DO COTIDIANO

Introdução:

Você já parou para pensar que praticamente tudo o que nos cerca tem um código identificador? Não? Então, observe: os alunos têm um número na lista de chamada, eles moram numa casa ou apartamento, normalmente representados por um número ou números e letras, seus pais têm um registro na carteira de identidade, título de eleitor, CPF... Na escola ou na casa do aluno temos os números de telefones, nas ruas, as placas dos automóveis, os números identificadores das linhas de ônibus. Nas lojas, muitas vezes, as etiquetas vêm acompanhadas por números ou letras identificadoras da mercadoria. Concorda que isto é também um tipo de leitura, de uma forma de analfabetismo para os que não sabem identificar esses códigos?

E para que servem esses códigos de identificação?

Para facilitar o registro e a busca de informações. Imagine se para cada registro de freqüência ou de notas você tivesse que escrever o nome completo de cada aluno (porque, na escola, deve haver alunos com nomes iguais) ou, ainda, se o caixa do supermercado tivesse que digitar o nome de cada produto.

Um código numérico para cada aluno, ou um código alfanumérico (se for composto de números e de letras) para cada produto, facilita e muito o registro de informações, na escola e no supermercado.

As situações que apresentamos acima são exemplos que podem ser abordados em suas aulas de Matemática, como enfoque inicial do conceito de código numérico ou alfanumérico. Os Parâmetros Curriculares Nacionais sugerem como unidade básica a ser explorada em nossas aulas de matemática a que se refere ao **Tratamento das Informações**, com os distintos códigos envolvidos nessas informações. O que nos falta normalmente são as informações necessárias de como fazer essa abordagem no cotidiano de nossas aulas de matemática. Aqui deixaremos registradas algumas sugestões práticas de como esse tópico pode ser abordado, de forma significativa e lúdica nas classes da Educação Infantil ou do Ensino Fundamental.

Consultando o dicionário (Aurélio), encontraremos as seguintes definições para código:

- Vocabulário ou sistema de sinais convencionais ou secretos utilizados em correspondências ou comunicações.
- Sistema de símbolos com que se representa uma informação numa forma que a máquina possa operar.

Vamos apresentar nesse estudo alguns desses códigos, seu uso no dia-a-dia, bem como sua exploração em situações de sala de aula. Analisaremos alguns desses casos: **CÓDIGOS DE BARRAS, NÚMERO DO CPF e CRIPTOGRAFIA.**

Você terá aqui exemplos ricos, do dia-a-dia da maioria das pessoas e de grande aplicação em diversas áreas do conhecimento, servindo de suporte para aulas de caráter interdisciplinar.

Se você for um professor e desejar aplicar a atividade em sala de aula, aproveite para alertá-los para alguns usos que empresas ou pessoas desonestas podem fazer das nossas informações pessoais, como números de documentos, cartões de crédito, números telefônicos, endereços etc. Serão boas oportunidades de discutir cidadania em suas aulas de matemática.

Podemos, de forma resumida, definir que o Tratamento da Informação lida com um conjunto de saberes e competências de natureza estatística, combinatória e de análise de códigos existentes em nosso cotidiano.

A. OS CÓDIGOS DE BARRA EAN – 13

1. Atividade Investigativa

Observe com atenção as embalagens abaixo. Verifique que todas têm um código de barras (neste caso com 13 algarismos). Se você comparar essas embalagens, através de informações como: País de origem, produto, empresa, ... poderá tirar uma série de conclusões a respeito desses códigos de barra. Em seguida tente responder às questões formuladas. Após a atividade, faremos um estudo detalhado sobre esse importante tópico da área de tratamento da informação.

Dois produtos da Nestlé do Brasil - Creme de Leite e Barra de Cereais

Dois produtos da Piraquê, Brasil – Biscoito de Queijo e Biscoito Cream Cracker

Azeite de Oliva Mediterrâneo - Itália

Dois produtos da Dr. Oetker, Brasil - Fermento em pó e Pudim diet

Dois produtos da Flashmann Royal – Nabisco, Brasil – Gelatina Morango e Biscoito Trakinas

Embalagem de um queijo - França

RESERVADO Cabernet Sauvignon
D.O. Valle Central

[illegible]

[illegible]

VINO-VINO FINO
750 ml 12.5° GL.
[illegible]
PRODUCIDO EN CHILE
www.conchaytoro.com

Dois rótulos de vinho - Chile

VINO-VINO FINO
750 ml 12.5° GL.
Producido y embotellado en Chile por Viña Concha y Toro S.A.
Virginia Subercaseaux 210, Pirque, Santiago, Chile.
PRODUCIDO EN CHILE
www.conchaytoro.com

Dois rótulos de Produtos Poliflor (Reckitt Benckiser) – Lustra Móveis e Limpa Pisos Pratic

Garrafa para bebidas - Portugal

Informo que esse código, que é um dos mais usados no Mundo todo (com 13 algarismos), pode ser subdividido em 4 partes, com a seguinte subdivisão:

_ _ _   _ _ _ _   _ _ _ _ _   _

1. Através da sua observação nos exemplos dados anteriormente, você saberia inferir alguma conclusão sobre os três primeiros algarismos do código?
2. E sobre o segundo bloco, com 4 algarismos, o que você foi capaz de concluir?
3. E com relação ao terceiro bloco, com 5 algarismos, saberia dizer alguma coisa?

Quanto ao último algarismo (o 13º) pouco adiantaria a nossa observação pois ele é um dígito de controle e é calculado através de operações aritméticas com os outros doze dígitos, conforme mostraremos em nosso estudo.

2. Estudando o Código de Barras – EAN 13

Quando se trata de grandes quantidades de dados, a coleta de informações, além de cara, fica muito mais difícil. O código de barras é um sistema de uso internacional que foi desenvolvido para facilitar o registro e a decodificação de grande massa de informações.

O código de barras, que foi desenvolvido nos Estados Unidos pelo Uniform Code Council (UCC), é lido por raio laser (leitura ótica). Com o domínio de alguns conhecimentos simples, as pessoas também conseguem traduzir esses códigos. Veja a seguir.

O código mais utilizado atualmente é o EAN/UCC-13, que usa um conjunto de 13 dígitos, sendo que o último (chamado de dígito verificador) é obtido mediante operações matemáticas com os outros 12, conforme veremos em nosso estudo. Uma ótima oportunidade de que se trabalhem as operações matemáticas em classe, de forma contextualizada.

Aqui, faremos um estudo detalhado desse código, com sugestões de atividades para sala de aula. O ideal é que você, ao trabalhar esse tema em suas aulas, traga ou peça que seus alunos tragam várias embalagens de mercadorias e, antes de passar aos alunos qualquer informação sobre esses códigos, deixe que eles manipulem as embalagens e tentem descobrir alguma coisa sobre eles, como indicativo de País, indústria, produto, etc.

Na representação pelas barras utiliza-se o sistema binário, sendo que as barrinhas pretas representam o algarismo 1 e as barrinhas brancas, o algarismo 0. Você, com certeza, está lembrado de que no sistema binário os números são escritos usando apenas os algarismos 0 e 1.

No código de barras com 13 algarismos, os três primeiros dígitos do código representam o país de registro do produto (verifique que para produtos filiados no Brasil teremos sempre os dígitos 7, 8 e 9); os quatro dígitos seguintes identificam o fabricante; os próximos cinco dígitos identificam o produto e o último, como já dissemos, é o dígito verificador.

Vejamos um exemplo:

Você já consegue perceber, pelo que dissemos anteriormente, que o código acima apresentado representa um produto de empresa filiada no EAN do Brasil (pode, em alguns casos não ser fabricado aqui)? Lembra-se de que os produtos filiados no Brasil sempre se iniciam por **789**?

O fabricante desse produto tem a indicação **6026** e, se tivéssemos aqui a embalagem completa, saberíamos até qual a empresa que o fabricou. O produto que está nessa embalagem é representado pelos cinco algarismos seguintes, ou seja, 30347. Ainda nesse caso, com a embalagem completa, saberíamos se é um sabão, ou um biscoito etc...

Colega professor (a), utilizando códigos de barra de vários produtos trazidos para a sala de aula, você poderá desenvolver diversas atividades interessantes para suas aulas de Matemática e de outras áreas de conhecimento. Seus alunos poderão identificar o país de registro do produto, a indústria, o tipo de mercadoria. Poderão, ainda, montar conjuntos de produtos registrados no mesmo país, ou pelo mesmo fabricante, ou com o mesmo tipo de mercadoria, associando esses dados com temas de Geografia, por exemplo. Dessa forma eles exercitarão a capacidade de comparar, analisar e formar coleções.

Atividade:

Analise os seguintes códigos de barra:

a. Escreva a letra correspondente ao código que representa um produto **não registrado** no Brasil. ______________________________

b. Escreva as letras correspondentes aos dois pares de etiquetas que representam artigos fabricados por uma **mesma Indústria**.

____

Organize fichas semelhantes a que estamos apresentando acima, colando diversos códigos de barra recortados de produtos encontrados em supermercados, para trabalhar com seus alunos. Ao realizar atividades como essa, eles estarão comparando os códigos, analisando semelhanças e diferenças entre eles e emitindo juízos de valor.

SOBRE O DÍGITO VERIFICADOR (13º ALGARISMO)

Recomendamos que o cálculo do dígito verificador seja trabalhado com os alunos das séries finais do primeiro segmento do Ensino Fundamental, por conta das operações envolvidas.

O sistema do cálculo desse dígito é o seguinte:

1. Escrevemos, abaixo dos demais 12 dígitos, da direita para a esquerda, ordenadamente, os dígitos 3 e 1, repetindo-os, sucessivamente.
2. Multiplicamos cada algarismo do código de barras por esses dígitos, de acordo com a posição ocupada por cada um.
3. Somamos todos os produtos obtidos.
4. Subtraímos essa soma obtida pelo primeiro múltiplo de dez, imediatamente superior ao resultado obtido. Esse será o valor do dígito verificador.

Vejamos um exemplo, para que possamos entender melhor essa sistemática do cálculo do 13º dígito do código de barras.

Na etiqueta acima, você verifica que o dígito verificador é igual a 8. Vejamos o seu cálculo.

Vamos escrever a sequência dos demais 12 dígitos, repetindo abaixo deles, da direita para a esquerda, a sequência 3, 1, 3, 1, 3, 1,......

7 8 9 4 3 2 1 6 1 4 0 3

1 3 1 3 1 3 1 3 1 3 1 3

Vejamos agora a soma dos produtos encontrados:

S = 7x1 + 8x3 + 9x1 + 4x3 + 3x1 + 2x3 + 1x1 + 6x3 + 1x1 + 4x3 + 0x1 + 3x3 =

S = 7 + 24 + 9 + 12 + 3 + 6 + 1 + 18 + 1 + 12 + 0 + 9 = 102

Finalmente, subtraímos 110 – 102, pois 110 é o primeiro múltiplo de 10, após o 102. Resultado 8. Logo, como já esperávamos, o dígito verificador desse código de barras EAN-13 é **8**.

OBSERVAÇÃO: Caso a soma obtida seja igual a um múltiplo de 10, o dígito verificador será igual a zero.

O que fizemos acima foi usar a noção de congruência, módulo 10, que estudamos na parte da Teoria dos Números denominada Aritmética Modular.

No estudo que faremos a seguir (sobre o CPF), daremos mais informações sobre o tema.

Atividades:

1. Descubra qual o dígito verificador do código de barras apresentado abaixo:

Resposta: 8

2. Observe bem o rótulo abaixo, recortado de uma embalagem da lã de aço BomBril.

Qual dos códigos apresentados abaixo também representa um produto da Bombril?

Resposta: E

Maiores Informações sobre o tema – EAN BRASIL – HOMEPAGE http://www.eanbrasil.org.br

No site acima citado você encontrará, entre outras informações, histórias em quadrinhos que apresentam os códigos de barra, com linguagem simples e bem humorada, aos alunos do Ensino Fundamental.

B. CONGRUÊNCIA ARITMÉTICA E OS DÍGITOS DE CONTROLE DO CPF

Vamos imaginar que uma pessoa, talvez não tendo o que fazer, tenha escrito várias vezes a sequência ABCD, obtendo algo do tipo ABCDABCDABCDABCDABCD ...

É claro que está formada aqui uma "fila" de letras, onde temos a seguinte correspondência:

1º →	A	5º →	A
2º →	B	6º →	B
3º →	C	7º →	C
4º →	D	8º →	D

Percebemos claramente que o 5º termo da fila é igual ao primeiro, pois houve uma repetição após 4 letras. O mesmo ocorre com o 6º termo, que é igual ao segundo, e assim sucessivamente. Dizemos, neste caso, que aqui existe congruência de módulo 4. O número 6, neste exemplo, é congruente ao 2 (módulo 4). Verifique que o número 6, dividido por 4, resulta no resto 2, ou ainda que a diferença (6 – 2) é divisível por 4. Verifique também que o 8º termo é congruente ao 4º termo (8 – 4) é divisível por 4, ou ainda 8 dividido por 4 resulta no resto zero (como 4, 8, 12, 16, ...) são múltiplos de 4, a divisão por 4 deixará resto zero.

Nessa brincadeira das letras, poderíamos inclusive perguntar: "Qual será o 58º termo dessa sequência"? É claro que você não precisaria sair escrevendo para verificar qual seria a 58ª letra escrita. Como é um caso de repetição de 4 em 4 (congruência, módulo 4), bastaria dividir 58 por 4 e verificar o resto obtido. Como 58 dividido por 4 deixa resto igual a 2, teremos o número 58 é congruente ao 2, módulo 4, ou ainda que a 58ª letra é a mesma da 2ª letra, que é B.

Podemos generalizar dizendo que o número natural **a** será congruente ao número natural **b,** módulo k, se **(a – b)** for divisível por k.

Vejamos uma aplicação interessante sobre o tema, relacionada aos calendários:

Vamos supor que você saiba em qual dia da semana caiu o dia 1º de janeiro (em 2006) foi um domingo e deseja saber quando cairá um outro dia qualquer (vale para qualquer ano). É só montar uma tabela para essa primeira semana, que no caso será:

Domingo → 1 Segunda → 2 Terça → 3 Quarta → 4 Quinta → 5 Sexta → 6 Sábado → 7

Verificamos aqui que estamos diante de um caso de congruência, módulo 7. Digamos que estivéssemos interessados em descobrir em que dia da semana cairá (ou caiu, dependendo de quando você está lendo esse texto) o dia 5 de julho (e não temos um calendário em mãos, é claro). Primeiro precisamos ver quantos dias existem de 1 de janeiro até 5 de julho. Vejamos:

Janeiro = 31 dias

Fevereiro = 28 dias (2006 não é bissexto)

Março = 31 dias

Abril = 30 dias

Maio = 31 dias

Junho =30 dias

Julho = 5 dias

Total = 186 dias.

Agora, é como se tivéssemos uma fila de 186 dias e estamos desejando saber, na congruência de módulo 7 (7 dias da semana) qual o correspondente ao186.

Se dividirmos 186 por 7, teremos:

$$\begin{array}{l|l} 186 & 7 \\ \hline \mathbf{4} & 26 \end{array}$$

Logo, o 186 é congruente ao 4, módulo 7. Como o dia 4 foi uma quarta-feira, o dia 186 também o será e, é claro, que todas as demais quarta-feiras deste ano serão ocupados por números congruentes ao 4, módulo 7.

Outro exemplo importante, do nosso cotidiano: Verificação dos dois dígitos de controle do CPF de uma pessoa:

O número de CPF de uma pessoa, no Brasil, é constituído de 11 dígitos, sendo um primeiro bloco com 9 algarismos e um segundo, com mais dois algarismos, denominados dígitos de controle ou de verificação . A determinação desses dois dígitos de controle é feita através da congruência aritmética, como mostramos anteriormente, sendo que antes é feito um cálculo com os primeiros 9 dígitos, para a obtenção desses dois últimos. Vejamos como isso funciona?

No caso do CPF, o décimo dígito (que é o **primeiro dígito verificador**) é o resultado de uma congruência, módulo 11 de um número obtido por uma operação dos primeiros nove algarismos. Esses algarismos deverão ser multiplicados, sequencialmente, pela base 1, 2, 3, 4, 5, 6, 7, 8, 9. Somando-se todos os produtos obtidos teremos o número que, ao ser dividido por 11, vai gerar o primeiro dígito de verificação (10º dígito do CPF).

Por exemplo, se o CPF de uma pessoa tem os seguintes 9 primeiros dígitos: 235 343 104, o primeiro dígito de controle será obtido da seguinte maneira:

Escrevemos os nove primeiros e, abaixo deles, a base de multiplicação com os dígitos de 1 a 9.

2 3 5 3 4 3 1 0 4

1 2 3 4 5 6 7 8 9

Efetuando as multiplicações correspondentes, teremos:

2 x 1 + 3 x 2 + 5 x 3 + 3 x 4 + 4 x 5 + 3 x 6 + 1 x 7 + 0 x 8 + 4 x 9 = 116.

Dividindo o número 116 por 11, teremos:

$$\begin{array}{l|l} 116 & 10 \\ \hline \mathbf{6} & 11 \end{array}$$

Dessa forma, o primeiro dígito de controle será o algarismo 6.

A determinação do segundo dígito de controle é feita de modo similar, sendo que agora acrescentamos o décimo dígito (que é o que acabamos de calcular) e usamos uma base de multiplicação de 0 a 9.

Vejamos:

2 3 5 3 4 3 1 0 4 6

0 1 2 3 4 5 6 7 8 9

Efetuando as multiplicações, teremos:

2 x 0 + 3 x 1 + 5 x 2 + 3 x 3 + 4 x 4 + 3 x 5 + 1 x 6 + 0 x 7 + 4 x 8 + 6 x 9 = 145

Dividindo o número 145 por 11, teremos:

145	11
2	13

Logo, o segundo dígito de controle é o **2**.

Concluímos então que, no nosso exemplo, o CPF completo seria: 235 343 104 **62**

Se o resto da divisão fosse 10, ou seja, se o número obtido fosse congruente ao 10, usaríamos o dígito **zero**, por convenção, nesse caso.

Aos professores do Ensino Fundamental ou da Educação de Jovens e Adultos

Trabalhando com seus alunos

Esse tipo de trabalho com o CPF é uma excelente oportunidade de você relacionar o conteúdo de divisibilidade, mais especificamente do resto da divisão por 11, com o cotidiano das pessoas.

Você poderia também questionar a seus alunos se eles sabem qual a finalidade do CPF. Com as respostas deles, você poderá desenvolver uma discussão sobre o tema, falando sobre o imposto de renda e a finalidade dos impostos.

Atividades como essas com o CPF representam curiosidade e desafio para os alunos. Prepare outros desafios desse tipo. Esperamos que seus alunos gostem deles.

C. A MATEMÁTICA E A CRIPTOGRAFIA

Introdução:

Gpukpq Hwpfcogpvcn

Com certeza a frase acima nada significa para você. Parece algum idioma desconhecido ou de outro planeta. Experimente agora substituir cada letra pela segunda letra que vem antes dela, na sequência do alfabeto completo (26 letras, incluindo k, w e y). Sem grande dificuldade você terá escrito ***"Ensino Fundamental"***.

De uma forma simplificada é o que ocorre na criptografia, quando alguém deseja transmitir alguma informação que não deseja partilhar com os outros, a não ser o destinatário final e combina uma chave qualquer para transmissão e recepção da informação. O receptor, de posse da chave, decodifica a mensagem, transformando-a novamente para que possa entender e ler o que lhe foi enviado. No exemplo que demos, que é bastante simples, o emissor substituiu cada letra do alfabeto por uma outra que ficava duas posições depois dela, no alfabeto. O receptor, sabendo da chave dessa "criptografia", aplicava a operação inversa na frase recebida, ou seja, substituía cada letra recebida pela que ficava duas posições antes dela, no alfabeto.

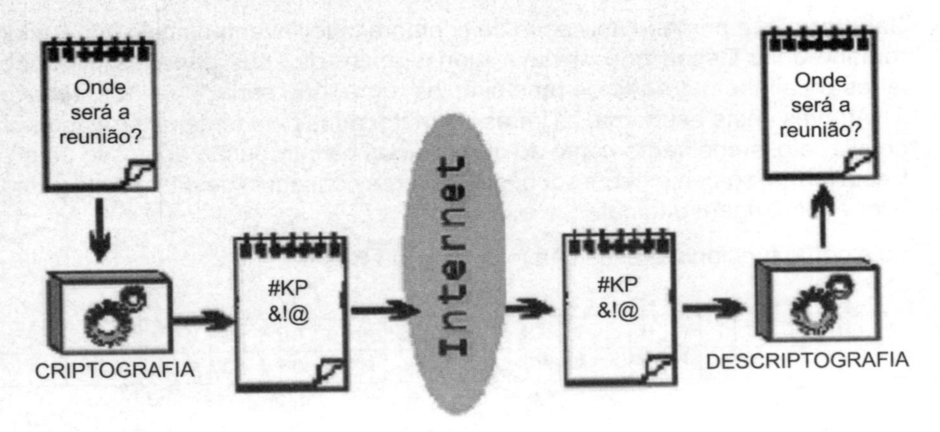

Neste tópico, pretendemos passar algumas informações básicas sobre a criptografia e mostrar que, de posse dessas informações, você e seus alunos da Educação Básica, poderão desenvolver atividades ricas e interdisciplinares no campo do Tratamento da Informação, de acordo com as sugestões dos Parâmetros Curriculares Nacionais (PCNs).

Origem Histórica da Criptografia

A palavra criptografia vem do grego kryptos (escondido) + grafia (escrita): e significa a arte ou ciência de escrever em cifra ou código, ou seja, é um conjunto de técnicas que permitem tornar incompreensível uma mensagem de forma a permitir que, normalmente, apenas o destinatário a decifre e compreenda.

A criptografia é tão antiga quanto a própria escrita, já estava presente no sistema de escrita hieroglífica dos egípcios. Os romanos utilizavam códigos secretos para comunicar planos de batalha. O mais interessante é que a tecnologia de criptografia demorou até a metade do século passado para sofrer algum tipo de mudança.

Desde que o mundo foi criado o homem tem sentido a necessidade de guardar segredos. Sejam segredos familiares, segredos sentimentais, segredos pessoais, segredos religiosos, segredos militares ou governamentais. Por conta disso, sempre houve e haverá uma constante briga entre ocultar e desvendar segredos.

Sabe-se que a primeira aplicação de criptografia foi inventada pelo imperador romano Julio César, que enviava mensagens aos seus generais trocando letras do alfabeto a partir de uma simples regra, que seria "pule três" (chave 3). Através deste esquema, as letras eram trocadas pela terceira letra anterior no alfabeto, semelhantemente ao que fizemos na introdução do nosso artigo. Desta forma, somente quem soubesse da regra conseguia desfazer o algoritmo e ler a mensagem original.

Veja como funcionava essa chave 3, de Julio César:

A	B	C	D	E	F	G	H	I	J	K	L	M	N	O	P	Q	R	S	T	U	V	W	X	Y	Z
X	Y	Z	A	B	C	D	E	F	G	H	I	J	K	L	M	N	O	P	Q	R	S	T	U	V	W

Ou seja, uma palavra simples como **"atacar"** seria codificada como **"xqxzxo"**. Este sistema e outros similares, obtidos através de permutações, em que as letras são "embaralhadas", são muito simples e, não difíceis de serem "decifrados", mas por muito tempo serviram para "esconder" mensagens.

Durante a segunda guerra mundial sistemas eletromecânicos na codificação e decodificação das mensagens foram muito usados. Nestes dispositivos, rotores incorporavam internamente uma permutação e sua instalação em mecanismos parecidos com "counters" (ou contadores) permitiam transformações polialfabéticas produzindo uma quantidade impressionante de combinações. Quem assistiu ao filme "Uma Mente Brilhante" deve ter visto máquinas desse tipo ao longo da trama que envolveu o matemático John Forbes Nash Jr, que trabalhou com o exército americano na quebra de códigos secretos.

Ainda durante a guerra computadores (como o "Colossus") foram usados na "quebra" de códigos alemães, italianos e japoneses e, desde então, a Criptografia passou a ser estudada de forma mais científica.

Depois da Segunda Guerra Mundial, com o desenvolvimento dos computadores, a área realmente floresceu incorporando complexos algoritmos matemáticos. Na verdade, esse trabalho criptográfico formou a base para a ciência da computação moderna.

Com o avanço cada vez maior dos poderes das Redes de Computadores, o mundo tende a ficar menor, perder fronteiras, encurtar distâncias. Hoje, com um simples apertar de teclas, pode-se intercambiar informações através dos cinco continentes em questão de segundos. Este avanço faz com que a informação e o controle sobre ela sejam estratégicos para os governos, para as empresas e para as pessoas em geral. E, quanto maior o fluxo de informações maior é a necessidade de que tais informações sejam protegidas e seu sigilo mantido, daí a necessidade da criptografia e de chaves que sejam seguras e praticamente indecifráveis para os que tentam, desonestamente, obter as informações que circulam pela Internet. O único método disponível que oferece proteção tanto no armazenamento, quanto no transporte de informações por uma rede pública ou pela Internet, é a criptografia.

Um dos algoritmos mais conhecidos para criptografia é o RSA. O RSA data de 1978 e foi descoberto no M.I.T. O nome deriva das iniciais dos seus autores, Rivest, Shamir e Adleman. É composto por dois problemas numéricos complexos, o logaritmo discreto e a fatorização. A segurança deste método baseia-se na dificuldade de fatorizar números muito grandes, conforme mostramos no tópico dos números primos de Mersenne.

Algumas Atividades para Sala de Aula

Dependendo da série em que a criptografia for usada você poderá elaborar atividades como as que mostramos anteriormente, passando para a turma mensagens a serem traduzidas, mediante o uso da chave conveniente. Poderia também sugerir que os próprios alunos criassem seus códigos de criptografia e enviassem mensagens aos colegas para que tentassem decifrar.

(Sugestão 1): Embaralhando as palavras – Este tipo de atividade, que é um caso elementar de criptografia, pode ser utilizado até nas séries iniciais do Ensino Fundamental, para alunos já alfabetizados. É uma atividade que se costuma encontrar nas revistas de palavras cruzadas ou em revistas infantis como Mônica, Chico Bento, Recreio e outras. Através de alguma pista dada, pede-se ao aluno que tente "decifrar" o que está escrito, já que as palavras estão com as mesmas letras da original, só que fora de ordem, ficando tudo "embaralhado".

Vejamos um exemplo: Os cartões abaixo representam algumas pessoas, com as respectivas profissões. Descubra a profissão de cada uma delas, sabendo que as letras das suas profissões estão todas "embaralhadas".

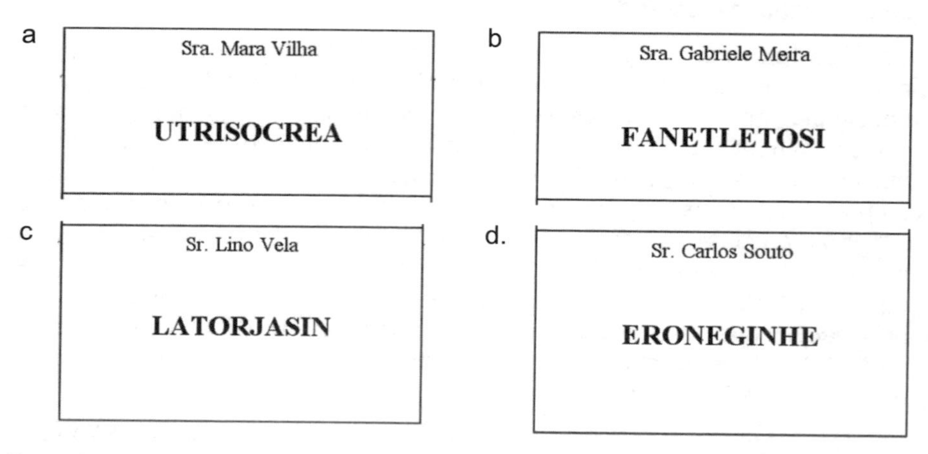

Resposta:

a. Costureira

b. Telefonista

c. Jornalista

d. Engenheiro

(Sugestão 2): Chaves Simples

As chaves criadas poderiam ser como as de Julio César, avançando ou recuando cada letra um número pré-estabelecido de "casas" ou então associando a cada letra um número natural e criando algumas fórmulas simples para transformá-las em outras. Vejamos alguns exemplos que poderiam ser abordados nas classes do Ensino Fundamental:

a	b	c	d	e	f	g	h	i	j	k	l	m	n	o	p	q	r	s	t	u	v	w	x	y	z
1	2	3	4	5	6	7	8	9	10	11	12	13	14	15	16	17	18	19	20	21	22	23	24	25	26

Chave: Somar 4

Cada letra fica representada por um número que representa a sua posição no alfabeto. Com essa chave, ela fica substituída pela letra cujo número corresponde ao número original, aumentado de 4. Quando acontecer do resultado ser superior ao 26, voltamos ao início do alfabeto. Por exemplo, o número 28 corresponderá à letra b, pois 28 = 26 + 2 (é o que denominamos, na aritmética modular, congruência módulo 26).

Com o desenvolvimento dos exercícios em classe, os alunos provavelmente perceberão que, na tradução da mensagem enviada eles terão, que aplicar a operação inversa da que foi usada pelo emissor da mensagem, na criação da mensagem criptografada.

Você pode dividir a turma em dois grupos, sendo que um deles terá que criptografar a mensagem entregue a eles, enquanto que o outro grupo terá que traduzir a mensagem recebida, mediante a aplicação da operação inversa da usada pelo grupo que a enviou.

Por exemplo, se a mensagem a ser enviada fosse CIDADE MARAVILHOSA, o grupo emissor teria que criptografá-la como: GMHEHI QEVEZMPLSWE.

O grupo receptor da mensagem, sabendo que a chave foi "somar 4", teria agora que subtrair 4 unidades dos números que representam cada letra da mensagem criptografada, para obter a mensagem original, decifrando o código. Vejamos:

G 7 – 4 = 3 = C
M 13 – 4 = 9 = I
H 8 – 4 = 4 = D
E 5 – 4 = 1 = A
H = D
I 9 – 4 = 5 = E

Q 17 – 4 = 13 = M
E 5 – 4 = 1 = A
V 22 – 4 = 18 = R
E = A
Z 26 – 4 = 22 = V
M 13 – 4 = 9 = I
P 16 – 4 = 12 = L
L 12 – 4 = 8 = H
S 19 – 4 = 15 = O
W 23 – 4 = 19 = S
E = A

Chave: ANTERIOR, ou seja, cada letra será substituída pela anterior no alfabeto. Em linguagem matemática, se o valor numérico correspondente fosse x, a criptografia usará $x - 1$.

Se a mensagem escolhida fosse, por exemplo, O PROFESSOR GANHA POUCO, a sua codificação criptografada, pela chave proposta, seria:

a	b	c	d	e	f	g	h	i	j	k	l	m	n	o	p	q	r	s	t	u	v	w	x	y	z
1	2	3	4	5	6	7	8	9	10	11	12	13	14	15	16	17	18	19	20	21	22	23	24	25	26

O 15, anterior 14 = N
P 16, anterior 15 = O
R 18, anterior 17 = Q
O ⟶ N
F 6, anterior 5 = E
E 5, anterior 4 = D
S 19, anterior 18 = R
S ⟶ R
O ⟶ N
R ⟶ Q

G 7, anterior 6 = F
A 1, anterior 0 (26) = Z
N 14, anterior 13 = M
H 8, anterior 7 = G
A ⟶ Z

P ⟶ O
O ⟶ N
U 21, anterior 20 = T
C 3, anterior 2 = B
O ⟶ N

A frase, criptografada, seria: **N OQNEDRRNQ FZMGZ ONTBN**

O receptor da mensagem, é claro, de posse da chave, transformaria cada letra recebida na sua consecutiva, ou seja, em x + 1. Dessa forma iria recuperar a frase original: **O PROFESSOR GANHA POUCO.**

Lembre-se que trabalhamos com um conjunto de **26 elementos** representados pelas letras do alfabeto romano. Estes elementos podem ser numerados de 1 a 26. Vamos chamar de **x** a letra que deve ser deslocada e de **y** a letra resultante do deslocamento. Se pretendemos, por exemplo, que cada elemento seja deslocado em **três posições**, fica fácil, fácil:

Se x=1 (letra A) então y=1+3 (letra D). Até aí, nenhuma dificuldade. Mas, e no caso de x=25 (letra Y) então y=25+3=28 ???

A Congruência ou Aritmética Modular mais uma vez entra em cena, coisa que vamos cansar de usar. Estamos lidando com um conjunto de 26 elementos, ou seja, vamos utilizar a soma algébrica módulo 26. Observe:

Letra original				**Nova letra**
A	**1**	**1+3=4**	**(1+3) MOD 26 = 4**	**D**
B	**2**	**2+3=5**	**(2+3) MOD 26 = 5**	**E**
...	...	...	...	...
X	**24**	**24+3=27**	**(24+3) MOD 26 = 1**	**A**
Y	**25**	**25+3=28**	**(25+3) MOD 26 = 2**	**B**
Z	**26**	**26+3=29**	**(26+3) MOD 26 = 3**	**C**

Representação matemática: y = (x + 3) MOD 26

Comentário: Em classes do Ensino Médio o professor poderia representar cada chave por uma função bijetora (para que tivesse inversa) e o receptor da mensagem criptografada teria que obter a função inversa, para traduzir a mensagem recebida.

Ainda no Ensino Médio a chave poderia ser representada por matrizes inversíveis e a decodificação pelo receptor seria através da matriz inversa. Recomendamos a leitura do artigo do Prof. Antoni Carlos Tamarozzi e R. Terada, na Revista do Professor de Matemática (RPM), volumes 45 e 12, respectivamente, para um aprofundamento maior para classes do Ensino Médio.

ATIVIDADE 8. O SURPREENDENDE NÚMERO DE OURO ($\phi \cong 1{,}618034...$)

A temática do número de ouro e suas relações com a natureza, com as artes, com o corpo humano e com a arquitetura, tem sido bastante abordada ultimamente em livros ou mesmo revistas especializadas. O que nos parece é que o que não tem ocorrido é o uso de toda essa bagagem interdisciplinar nas salas de aula da Educação Básica. Em função disso, estou voltando ao assunto, com uma adaptação de um artigo que escrevi em parceria do o professor José Abrantes, do DMD (Departamento de Matemática e Desenho) do Instituto de Aplicação Fernando Rodrigues da Silveira – UERJ.

Introdução

Não adotamos a postura de que tudo o que ensinamos na matemática da Educação Básica tenha que possuir uma aplicação prática imediata ou mesmo ter alguma aplicação. Há temas e tópicos que são internos e inerentes à própria estrutura da matemática e que não são menos importantes por isso. O que achamos é que fica muito mais fácil trabalhar e conseguir o interesse de nossos alunos quando tais relações podem ser estabelecidas. É nesse aspecto que o tema que agora abordamos pretende contribuir, ajudando aos professores ou licenciandos a prepararem, de forma atraente, interdisciplinar e contextualizada, as suas aulas.

Espera-se que o resgate do prazer que os desafios proporcionam deva ser o ponto de partida, como indicado na metodologia de resolução de problemas, fazendo um contraponto às aulas do tipo fórmulas, exemplos e exercícios repetitivos que, infelizmente, ainda existem em grande parte das escolas brasileiras.

Um pouco de História

O que será que os trabalhos de Euclides (cerca de 300 anos, antes de Cristo), com a Geometria e os estudos de Fibonacci (em torno de 1200, depois de Cristo) com os números, têm a ver com coelhos, caracóis, conchas, cartões de crédito, obras de arte da Renascença, plantas, estética, crescimento populacional? E o número irracional ϕ = 1,618034..., denominado número de ouro, que ligação tem com estes fatos?

Apesar de reconhecer que as questões acima parecem estranhas e que os fatos mencionados parecem não possuir qualquer tipo de ligação, pretende-se com este estudo mostrar que essas coisas todas estão relacionadas e como é interessante e curiosa a presença da matemática em toda parte.

Tudo começa há 2500 anos com a procura de um modo harmonioso de se dividir um segmento de reta em duas partes iguais. Euclides já se preocupava com essa questão em *"Os Elementos"*, uma das mais importantes obras de Geometria de todos os tempos. Em seguida ela também foi estudada pelo monge Luca Pacioli, de Veneza, no livro *De Divina Proporcione*, de 1509.

Um conceito importante é que o número irracional citado, simbolizado pela letra grega ϕ (fi) é denominado **número de ouro ou razão áurea**, sendo definido pela razão das medidas de segmentos de reta, como será mostrado, está relacionado com todos os fatos já mencionados.

O número de ouro e a divisão áurea de um segmento

Diz-se que um segmento de reta está dividido em duas partes, na razão áurea ou divina proporção, quando o todo está para uma das partes, na mesma razão em que esta parte está para a outra. Desta relação advém o valor 1,618034..., que é o denominado número de ouro. O número de ouro é representado pela letra grega ϕ, em homenagem a Fídias (*Phideas*), famoso escultor grego, por ter usado a proporção de ouro em muitos dos seus trabalhos. Esta definição deve ser bem lembrada, pois será a base de todos os exemplos citados neste artigo.

Dado um segmento de reta AC tal que AC = AB + BC, quando AC/AB = AB/BC ≈ 1,618034..., tem-se o número de ouro ϕ. Esta é a divisão áurea do segmento AC.

A B C

$$\frac{AC}{AB} = \frac{AB}{BC} = \phi \cong 1{,}618034...$$

Existe um método gráfico para a obtenção da divisão áurea de um segmento, que consiste em dividir o mesmo em média e extrema razão. Por exemplo: Dado um segmento de reta AB, determinar o seu segmento áureo ou a sua divisão áurea.

A solução é obtida através de 6 operações gráficas: 1) Inicialmente determina--se a mediatriz de AB, que corta o segmento no ponto O, de modo que AO = OB. 2) A partir de B levanta-se uma perpendicular a AB. 3) Com centro em B e raio BO, determina-se o ponto C. 4) Traça-se o segmento CA. 5) Com centro em C e raio CB, determina-se D, sobre CA. 6) Com centro em A e raio AD, determina-se E, sobre AB.

Finalmente tem-se que: **AE** é o segmento áureo de AB.

A justificativa matemática para este método gráfico é baseada no Teorema de Pitágoras, aplicado ao triângulo ABC, e na equivalência de segmentos, sendo a seguir detalhada:

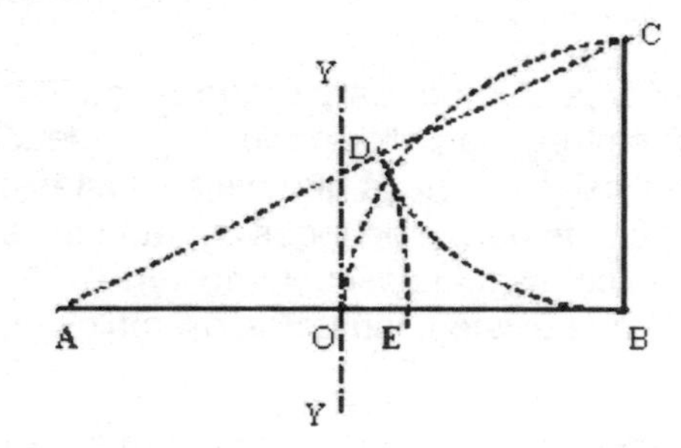

$$\phi = \frac{AB}{AE} = \frac{AE}{EB} \approx 1{,}618034...$$

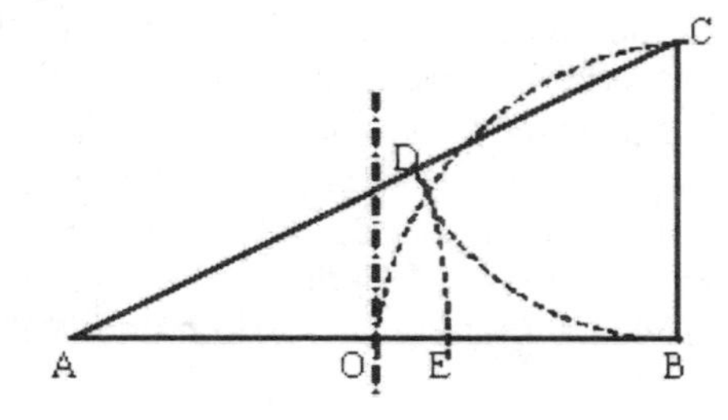

$$AC^2 = AB^2 + BC^2$$

$$AC = \sqrt{AB^2 + BC^2} \quad (1)$$

$$AC = AD + DC \quad (2)$$

$$AD = AE \quad (3)$$

$$BC = AB/2 \quad (4)$$

De (1) e (2): $AC = \sqrt{AB^2 + BC^2}$ logo: $AD + DC = \sqrt{AB^2 + (AB/2)^2} = \sqrt{AB^2 + AB^2/4}$

$AD + DC = \sqrt{5(AB^2/4)}$ ou $AD + DC = (AB/2)\sqrt{5}$

De (3) e (4) tem-se: $AE + AB/2 = (AB/2)\sqrt{5}$, logo: $AE = (AB/2)\sqrt{5} - (AB/2)$

$AE = AB/2(\sqrt{5} - 1)$ ou $AB/AE = 2/(\sqrt{5} - 1)$ ou $AB/AE = 1{,}618034...$

O que confirma AE como segmento áureo de AB.

O retângulo de ouro

Se um retângulo for construído com os segmentos de reta AB e AE, relacionados anteriormente, ele será denominado de retângulo de ouro, ou seja, o lado maior será igual ao menor multiplicado pelo número de ouro (AB = AE . ϕ).

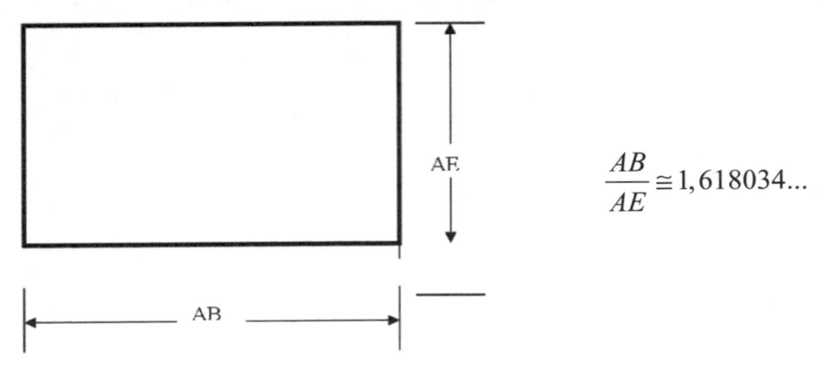

$$\frac{AB}{AE} \cong 1{,}618034...$$

O retângulo de ouro é um objeto matemático que marca forte presença no domínio das artes, na arquitetura, na pintura, na publicidade e no projeto de produtos. Este fato não é uma simples coincidência já que muitos testes psicológicos demonstraram que o retângulo de ouro é de todos os retângulos, o mais agradável à vista. Até hoje não se conseguiu descobrir ao certo a razão de ser dessa beleza, mas a verdade é que existem inúmeros exemplos onde o retângulo de ouro aparece.

Até mesmo nas situações mais práticas do quotidiano, encontram-se aproximações do retângulo de ouro. O caso dos cartões de crédito, carteiras de identidade, carteiras de motorista, assim como a forma retangular da maior parte dos nossos livros, são exemplos de aplicações do retângulo de ouro. Os projetistas de produtos (designers), sempre que necessitam usar dimensões retangulares, procuram utilizar o conceito do retângulo de ouro, pois as pessoas preferem estas formas. Experimente medir o comprimento e a largura de um cartão de crédito. Em seguida divida o maior valor, pelo menor valor encontrado. O que você observa?

Como exemplos do uso do retângulo de ouro nas artes, podem ser citadas duas grandes obras de Leonardo da Vinci: Mona Lisa e Anunciação.

Mona Lisa (1505)

No quadro Mona Lisa pode-se observar a proporção áurea em várias situações. Por exemplo, ao se construir um retângulo em torno de seu rosto, vê-se que este é um retângulo de ouro. Pode-se também subdividir este retângulo usando a linha dos olhos para traçar uma reta horizontal e tem-se novamente a razão de ouro. Pode-se continuar a explorar esta proporção em várias outras partes do corpo. As próprias dimensões do quadro formam igualmente um retângulo áureo.

Anunciação (1472)

Decompondo a figura num quadrado e num retângulo, o retângulo obtido tem as proporções de ouro. Curiosamente esta divisão permite que o retângulo de ouro enquadre as partes mais importantes da figura: o anjo e a jovem, se o quadrado for construído no lado direito ou no lado esquerdo, respectivamente.

Sabe-se do interesse de Leonardo da Vinci pela matemática e pelas Ciências em geral, dessa forma, pode-se encontrar o retângulo de ouro em diversas obras de sua autoria. Também Michelangelo utilizava as proporções áureas, especialmente na maravilhosa pintura, "A criação de Adão", executada na capela Sistina do Vaticano.

O número de ouro também encontra-se a associado a numerosas obras de arquitetura, desde as Pirâmides de Quéops (2800 a.C.) até a Catedral de Chartres, passando pelo Pártenon em Atenas. Verifica-se que os retângulos presentes nas fachadas, portas, janelas dessas construções eram retângulos de ouro.

Pártenon, Atenas

Catedral de Chartres, França

Existe uma outra forma gráfica de construir um retângulo de ouro, a partir de um quadrado de lado unitário. A seguir é mostrada a sequência para a construção gráfica de um retângulo com lados iguais a 1 e 1,618034

1. Desenhe um quadrado de lado unitário;

2. Divida um dos lados do quadrado ao meio;

3. Trace uma diagonal do vértice A do último retângulo ao vértice oposto B e estenda a base do quadrado;

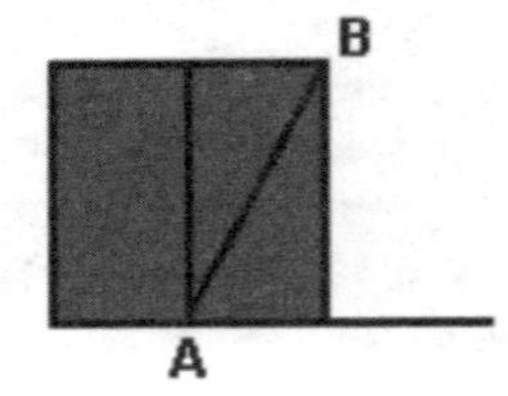

4. sando a diagonal como raio, trace um arco do vértice direito superior do retângulo à base que foi estendida;

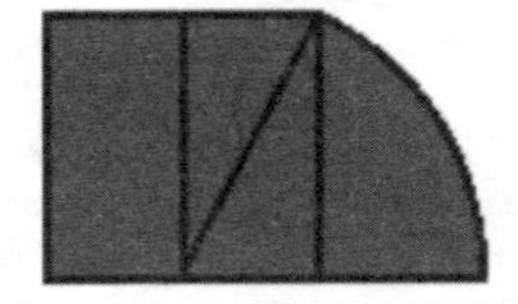

5. Pelo ponto de interseção do arco com o segmento da base trace um segmento perpendicular à base. Estenda o lado superior do quadrado original até encontrar este último segmento, para formar o retângulo;

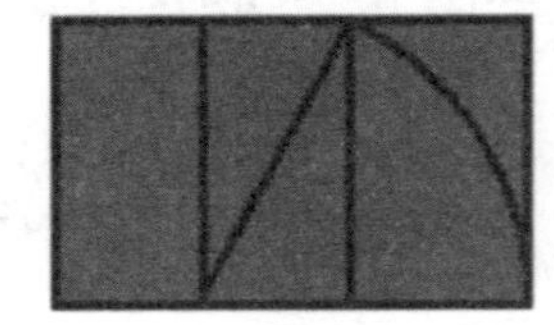

6. Este último é o retângulo Áureo!

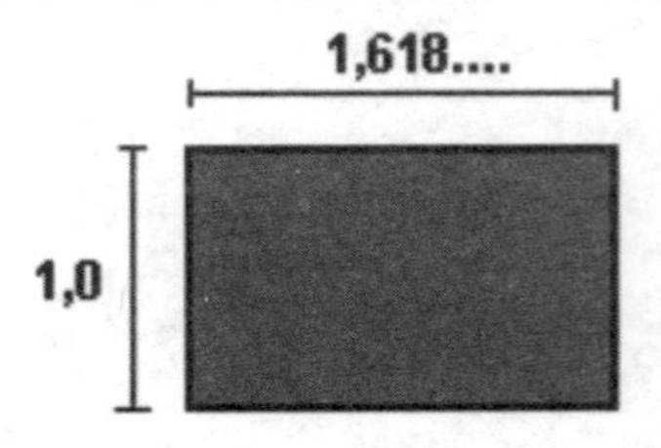

Esta construção gráfica tem a seguinte justificativa matemática:

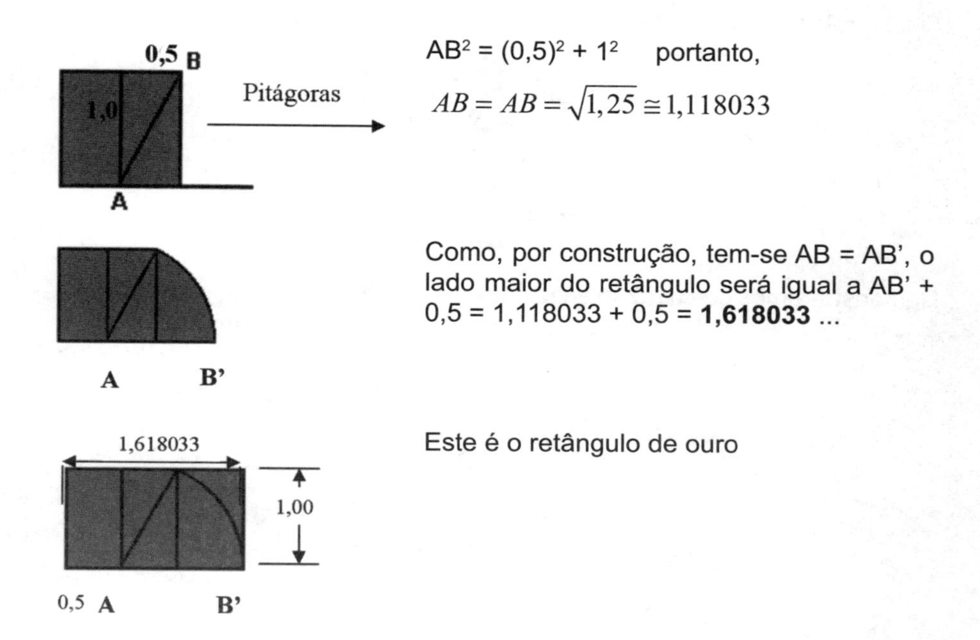

$AB^2 = (0,5)^2 + 1^2$ portanto,

$$AB = AB = \sqrt{1,25} \cong 1,118033$$

Como, por construção, tem-se AB = AB', o lado maior do retângulo será igual a AB' + 0,5 = 1,118033 + 0,5 = **1,618033** ...

Este é o retângulo de ouro

O Pentagrama místico dos Pitagóricos e o número de ouro

Desde os primórdios da humanidade, o ser humano sempre se sentiu envolto por forças superiores e trocas energéticas que nem sempre soube identificar. Sujeito a perigos e riscos, teve a necessidade de captar forças benéficas para se proteger de seus inimigos e das vibrações maléficas. Foi em busca de imagens, objetos, e criou símbolos para poder entrar em sintonia com energias superiores e ir ao encontro de alguma forma de proteção. Entre tais símbolos, destacaremos o pentagrama, formado por um pentágono regular e pela "estrela" gerada por suas diagonais. Mostraremos que tal pentagrama também está relacionado ao número de ouro.

Na Grécia Antiga, era conhecido como Pentalpha, geometricamente composto de cinco "As". Pitágoras, filósofo e matemático grego, grande místico e moralista, iniciado nos grandes mistérios, percorreu o mundo nas suas viagens e, em decorrência, se encontram possíveis explicações para a presença do pentagrama, no Egito, na Caldéia e nas terras ao redor da Índia. A geometria do pentagrama e suas associações metafísicas foram exploradas pelos pitagóricos, que o consideravam um emblema de perfeição. A geometria do pentagrama ficou conhecida como "A Proporção Dourada", que ao longo da arte pós helênica, pôde ser observada nos projetos de alguns templos.

Qual a relação que existe entre o pentagrama e o número de ouro?

Demonstraremos que a razão entre a medida da diagonal do pentágono regular e a medida de um de seus lados é exatamente o número de ouro.

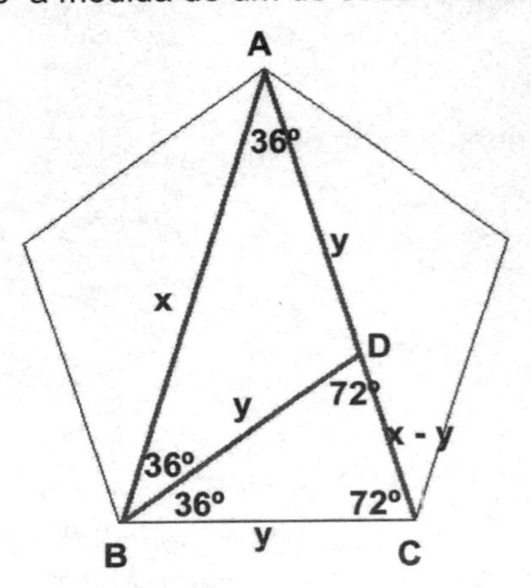

Verifique que os triângulos ABC e BCD são semelhantes (ângulos iguais).

Da semelhança indicada, podemos tirar a seguinte proporção:

$$\frac{x}{y} = \frac{y}{x - y}$$

$$y^2 = x^2 - yx$$

$$x^2 - yx - y^2 = 0$$

Resolvendo essa equação em x, e procurando a raiz positiva, teremos:

$$x = \frac{y + \sqrt{y + 4y}}{2} = \frac{y + y\sqrt{5}}{2}$$

$$x = \frac{y\left(\sqrt{5} + 1\right)}{2} \textit{ o que acarreta}$$

$$\frac{x}{y} = \frac{y\left(\sqrt{5} + 1\right)}{2} = \phi\left(\textit{número de ouro}\right)$$

A espiral de ouro

Um retângulo de ouro tem a interessante propriedade de: caso subdividido num quadrado e num retângulo, o novo retângulo é também de ouro. Repetido este processo infinitamente e unidos os vértices dos quadrados gerados, obtém-se uma espiral a qual se dá o nome de espiral de ouro. A espiral de ouro é encontrada também na natureza, em algumas flores, caracóis e conchas. A espiral de ouro, que é logarítmica, é muito utilizada na prática em arquitetura e detalhes artísticos.

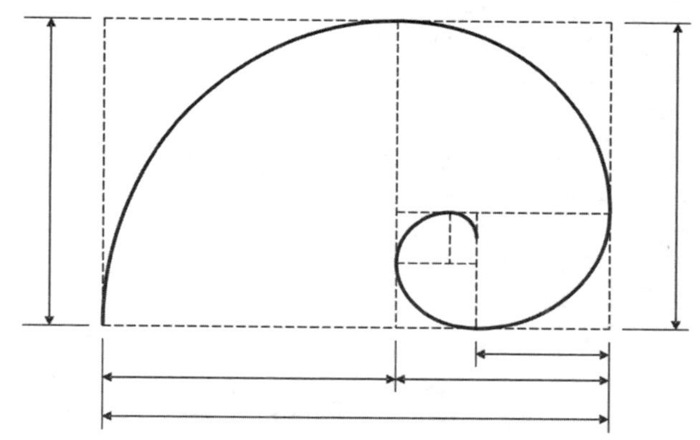

$AB/AE = AB_1/AE_1 = AB_2/AE_2 = AB_3/AE_3 = AB_4/AE_4 \cong 1{,}618034$

A concha do caracol nautilus (gastrópode) *se desenvolve geometricamente através de uma espiral com raios crescentes na proporção do número de ouro* ϕ, ou seja, uma espiral de ouro.

A sequência de Fibonacci

A seguir será analisada uma importante sequência, que está relacionada ao número de ouro e que surgiu de um curioso problema proposto pelo matemático Leonardo de Pisa (Fibonacci – Filho de Bonacci). Veja-se o seguinte problema:

"Quantos pares ou casais de coelhos serão produzidos, por exemplo, em um ano, começando-se com um só par, se em cada mês cada par gera um novo par, que se torna produtivo a partir do segundo mês?". Este problema considera que os coelhos estão permanentemente fechados num certo local e que não ocorrem mortes. A tabela a seguir mostra a progressão dos casais, até o mês 16.

"Aprender é descobrir aquilo que você já sabe.
Fazer é demonstrar que você o sabe.
Ensinar é lembrar aos outros que eles sabem tanto quanto você."
(Richard Bach)

Tabela com a progressão dos coelhos:

Mês	Casais adultos	Casais jovens	Total de casais
1	1	0	1
2	1	0	1
3	1	1	2
4	1	2	3
5	2	3	5
6	3	5	8
7	5	8	13
8	8	13	21
9	13	21	34
10	21	34	55
11	34	55	89
12	55	89	144
13	89	144	233
14	144	233	377
15	233	377	610
16	377	610	987

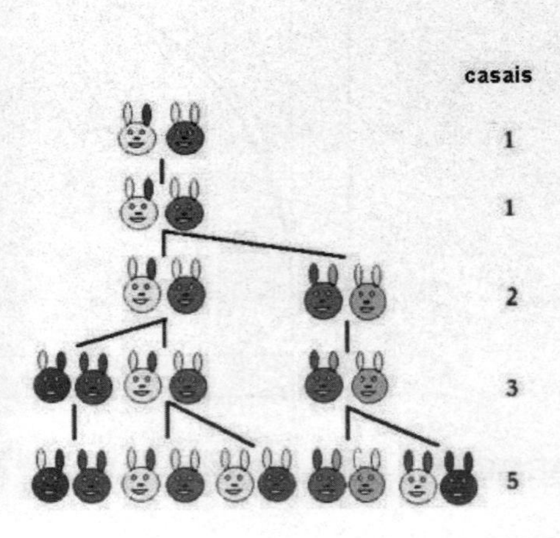

Fibonacci realizou os seguintes cálculos: no primeiro mês, tem-se um par de coelhos que se manterá no segundo mês, tendo em consideração que se trata de um casal de coelhos jovens; no terceiro mês de vida darão origem a um novo par, e assim tem-se dois pares de coelhos; para o quarto mês tem-se apenas um par a reproduzir, o que fará com que se obtenha no final deste mês três pares. Em relação ao quinto mês serão dois os pares de coelhos a reproduzir, o que permite obter cinco pares destes animais no final deste mês. Continuando desta forma, ele mostra que existirão 233 pares de coelhos ao fim de um ano de vida, partindo-se apenas de um par de coelhos.

Listando a sequência: **1, 1, 2, 3, 5, 8, 13, 21, 34, 55, 89, 144, 233, 377, 610, 987...** na margem dos seus apontamentos, ele observou que cada um dos números a partir do terceiro é obtido pela adição dos dois números antecessores, e assim pode-se fazê-lo em ordem a uma infinidade de números de meses. Esta sequência é conhecida, atualmente, como a sequência ou sucessão de Fibonacci.

A sequência de Fibonacci pode ser definida também através da seguinte lei de recorrência:

$$\begin{cases} a_1 = 1 \\ a_2 = 1 \\ a_n = a_{n-1} + a_{n-2}\text{, para } n \geq 3 \end{cases}$$

Agora, utilizando-se uma simples calculadora e efetuando-se a divisão de dois termos consecutivos da sequência de Fibonacci, pode-se observar a "marcha" dos resultados obtidos:

$1 : 1 \approx 1$	$8 : 5 \approx 1{,}60000$	$55 : 34 \approx 1{,}61765$
$2 : 1 \approx 2$	$13 : 8 \approx 1{,}62500$	$89 : 55 \approx 1{,}61818$
$3 : 2 \approx 1{,}5$	$21 : 13 \approx 1{,}61538$	$144 : 89 \approx 1{,}61798$
$5 : 3 \approx 1{,}66666$	$34 : 21 \approx 1{,}61905$	$233 : 144 \approx 1{,}61806$
$377 : 233 \approx 1{,}61802$	$610 : 377 \approx 1{,}61803$	$987 : 610 \approx 1{,}61803$

Este valor 1,61803 é o número de ouro. Uma curiosidade ou um capricho da Matemática: quanto mais números são considerados na sequência de Fibonacci, a divisão de dois termos consecutivos se aproxima do número de ouro (ϕ). Calculando-se os 20º e 21º termos consecutivos, obtêm-se os valores 4181 e 6765. Quando se efetua a divisão 6765 : 4181 obtêm-se 1,618033963..., novamente o número de ouro.

Um fato marcante foi um trabalho de Fibonacci, resultante da resolução de um problema curioso, que o fez recair no número de ouro, da divina proporção, que já tinha sido estudada por Euclides cerca de 1500 anos antes.

Os exemplos a seguir mostram relações entre o número de ouro, a sequência de Fibonacci e fatos da natureza.

O triângulo de Pascal e a sequência de Fibonacci

Fibonacci quando examinava o Triângulo Chinês (que é o conhecido Triângulo de Pascal) dos anos 1300, observou que a sequência numérica, que hoje recebe o seu nome, aparecia naquele documento. Primeiramente vamos lembrar algumas características desse interessante triângulo numérico.

O triângulo dito de Pascal é formado por linhas que representam os números binomiais (combinações) de n elementos, de taxa zero até a taxa n. Ou seja, a primeira linha representa o número binomial $\binom{0}{0}$, isto é, $C_{0,0}$ (igual a 1). A segunda linha representa os números binomiais $\binom{1}{0}$ e $\binom{1}{1}$ (também ambos iguais a 1). A terceira linha representa os números binomiais $\binom{2}{0}$, $\binom{2}{1}$ e $\binom{2}{2}$ (iguais a 1, 2 e 1, respectivamente). Dessa forma, o triângulo se completa através de uma importante relação (Stiffel): $C_n^p + C_n^{p+1} = C_{n+1}^{p+1}$, ou seja, a soma de dois números seguidos de uma certa linha, é sempre igual ao número da linha imediatamente abaixo, sobre o segundo desses números. Visualmente, pode-se mostrar essa propriedade com o seguinte esquema:

A + B
→ ↓
= C

Aqui se tem uma representação do triângulo chinês
(dito de Pascal)

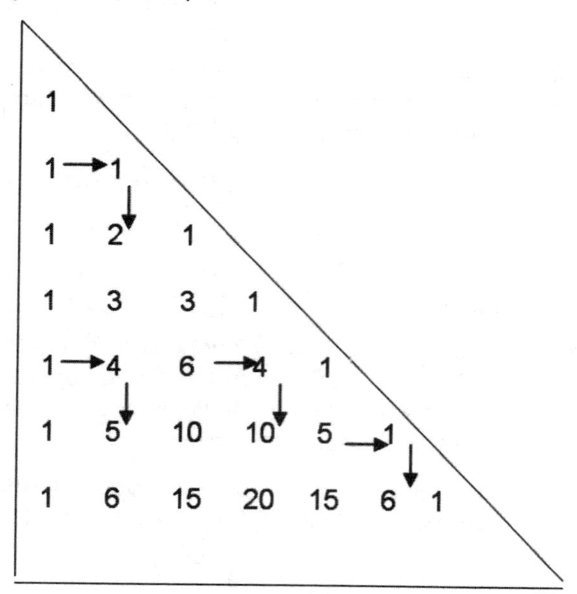

O que tem a ver a sequência de Fibonnacci com o triângulo de Pascal? Veja que interessante, a sequência aparece através da soma de vários números binomiais (do triângulo de Pascal), localizados acima e ao lado direito do número anterior, veja abaixo:

1 1 2 3 5 8 13
1 1
1 2 1
1 3 3 1
1 4 6 4 1
1 5 10 10 5 1
1 6 15 20 15 6 1

Folhas, flores, frutos e a sequência de Fibonacci

Observe-se mais algumas proezas da natureza. Muitas plantas apresentam 5 pétalas. O ananás possui 8 diagonais num sentido e 13 no outro. Normalmente as margaridas e os girassóis têm 21, 34, 55 ou 89 pétalas. Verifique, 5, 8, 13, ..., 34, 55, 89, ... são todos números da sequência de Fibonacci. Descobriu-se, não há muito tempo, que estes números são importantes e muito freqüentes na natureza. O seu aparecimento não é um acaso, mas o resultado de um processo físico de crescimento das plantas e dos frutos.

Conclusão

Principalmente com os exemplos aqui mostrados, vê-se que a matemática está presente em todos os domínios científicos. Dos girassóis às imagens médicas mostradas nos eletrocardiogramas ou outros exames mais complexos, das flutuações da bolsa aos tornados, a matemática também mostra e evidência a sua unidade através de fenômenos da natureza. Mais do que uma ferramenta, mais do que uma linguagem comum a todas as culturas, a matemática é uma ciência, trazendo, cada vez mais, surpresas na compreensão do nosso Universo. Para concluir pode-se citar o grande Mestre Galileu Galilei:

"O grande livro do Universo está escrito em linguagem matemática" , Galileu (1564-1642)

ATIVIDADE 9. A CÉSAR, O QUE É DE CÉSAR

Neste tópico de nosso livro, apresentaremos um determinado tipo de problemas lógicos com uma metodologia simples para a sua resolução.

Aproveitamos para destacar a importância de desafios de lógica como auxiliar e elemento motivador para as nossas aulas de Matemática da Educação Básica.

O uso de tabelas de múltiplas entradas é de grande utilidade prática na resolução de testes e desafios lógicos com muitas informações.

Não são indispensáveis o uso de tais tabelas, no entanto elas constituem um valioso instrumento na abordagem de problemas lógicos. São de fácil entendimento e garantem a validade da conclusão, uma vez que todas as hipóteses são analisadas.

Vamos convencionar a seguinte simbologia - toda vez que tivermos certeza de que uma informação é verdadeira, usaremos um **V** na quadrícula correspondente da tabela e, quando tivermos a certeza de que um dado é falso, usaremos um **X** na quadrícula correspondente.

Exemplo:

D. Rosa, D. Margarida e D. Dália reuniram-se uma tarde para jogar cartas e tomar chá. Por coincidência, todas levavam flores na lapela.

_ Já repararam _ disse a que levava uma rosa _ que as flores que trazemos têm exatamente os mesmos nomes que nós, mas nenhuma de nós trás a flor correspondente ao seu nome?

_ É verdade! Que engraçado _ respondeu D. Dália.

Que flor carregava cada uma das senhoras?

Solução:

Pessoa ↓ Flor →	**Rosa**	**Margarida**	**Dália**
D. Rosa	X		
D. Margarida		X	
D. Dália			X

Começamos marcando um X na diagonal principal, já que o problema diz que cada mulher não carregava uma flor igual ao seu próprio nome. Ainda de acordo com o texto verificamos que D. Dália não é a que carrega a rosa, pelo fato de ter mantido um rápido diálogo com a moça que carregava a rosa, logo, outra hipótese a ser descartada e marcada com uma cruz.

Pessoa ↓ Flor →	**Rosa**	**Margarida**	**Dália**
D. Rosa	X		
D. Margarida		X	
D. Dália	X		X

Verifique agora que só restou a possibilidade de D. Margarida estar carregando a rosa. Marcaremos esta coluna com **V** e depois completaremos esta linha com X de modo a descartar outras possibilidades.

Pessoa ↓ Flor →	**Rosa**	**Margarida**	**Dália**
D. Rosa	X		
D. Margarida	V	X	X
D. Dália	X		X

Verificamos, finalmente, que D. Rosa está carregando a dália, que foi a quadrícula que sobrou na última coluna. Tal fato vai acarretar que D. Dália, carregava a margarida.

Pessoa ↓ Flor →	**Rosa**	**Margarida**	**Dália**
D. Rosa	X	X	V
D. Margarida	V	X	X
D. Dália	X	V	X

Temos pois que a resposta é: D Rosa, carrega uma dália; D. Margarida, carrega uma Rosa e D. Dália, carrega uma margarida.

É lógico que existem problemas bem mais complexos e com muitas informações. Para tais casos, recomenda-se que alguns dados da tabela sejam repetidos, tanto na horizontal, como na vertical, de modo a que possamos cruzar as informações. Recomenda-se também várias leituras seguidas do texto, já que a cada leitura novas informações vão aparecendo, mesmo as que não estavam "explícitas" no texto.

São exercícios que desafiam o raciocínio, são agradáveis de serem resolvidos e são facilmente encontrados, inclusive nas bancas de jornais em revistas de diversões.

Vejamos mais um exemplo, extraído da revista "Desafios de lógica, nº 23", da editora Ediouro.

Pagamento a prazo

Cinco casais, recém casados, compraram um artigo cada um a ser pago em algumas parcelas. Todos os artigos comprados foram distintos, assim como a quantidade de prestações de cada financiamento.

Com as informações dadas abaixo, constitua os casais e descubra o artigo comprado pelo casal, bem como a quantidade de prestações de cada financiamento.

1. Nilo vai pagar o seu aspirador de pó em quatro vezes.
2. Bruno e Sandra pagarão o objeto comprado em três prestações.
3. Beatriz comprou uma televisão.
4. Adelina, que não é casada com Gabriel, vai pagar a sua máquina de lavar em mais de duas prestações.
5. Flora pagará o seu aparelho de som em cinco prestações, mas não é ela a esposa de Gabriel, nem de Alberto.

Abaixo, mostramos uma tabela, que você pode ir preenchendo com a convenção que fizemos, à medida que for lendo as informações dadas.

		HOMEM					ARTIGO					PRESTAÇÕES				
		Alberto	Bruno	Gabriel	Nilo	Renato	Aspirador	Máq. lavar	videocassete	Televisão	Ap. de som	Duas	Três	Quatro	Cinco	Seis
MULHER	Adelina															
	Beatriz															
	Flora															
	Margarida															
	Sandra															
PRESTAÇÕES	Duas															
	Três															
	Quatro															
	Cinco															
	Seis															
ARTIGO	Aspir. de pó															
	Máq. de lavar															
	Videocassete															
	Televisão															
	Apar. de som															

A resposta desse desafio é: Adelina e Alberto, máquina de lavar, 6 prestações; Beatriz e Gabriel, televisão, 2 prestações; Flora e Renato, aparelho de som, 5 prestações; Margarina e Nilo, aspirador de pó, 4 prestações; Sandra e Bruno, videocassete, 3 prestações.

ATIVIDADE 10. UM CURIOSO PROBLEMA SOBRE PROBABILIDADES E A SOLUÇÃO DE GALILEU

No século XVII, os jogadores italianos costumavam fazer apostas sobre o número total de pontos obtidos no lançamento de 3 dados. Acreditavam que a possibilidade de obter um total de 9 era igual à possibilidade de obter um total de 10.

Justificavam essa crença, afirmando que existiam 6 combinações para obtermos 9 pontos:

1 2 6   1 3 5   1 4 4   2 3 4   2 2 5   3 3 3

E também, outras 6 combinações para obter 10 pontos:

1 4 5   1 3 6   2 2 6   2 3 5   2 4 4   3 3 4

Assim, os jogadores argumentavam que o 9 e o 10 deveriam ter a mesma possibilidade de se verificarem.

Contudo, a experiência mostrava que o 10 aparecia com uma freqüência um pouco superior ao 9 e não entendiam o porque de tal fato ocorrer.

Fizeram então uma consulta à **Galileu,** solicitando que os ajudasse nesta contradição.

Galileu, após uma análise do problema, verificou que os jogadores estavam errados em sua argumentação e usou o seguinte raciocínio para provar que a possibilidade de obtenção de 10 pontos era maior:

Pinte-se um dos dados de branco, o outro de cinza e o outro de preto. De quantas maneiras se podem apresentar os três dados depois de lançados? Sabemos, pelo princípio multiplicativo que são 6 x 6 x 6 = 216 possibilidades. Galileu listou todas as 216 maneiras de 3 dados se apresentarem depois de lançados. Depois percorreu a lista e verificou que havia 25 maneiras de obter um total de 9 e 27 maneiras de obter um total de 10.

O raciocínio dos jogadores estava errado pelo simples fato de que, por exemplo, o "trio" "3 3 3", que dá 9 pontos, corresponde a uma única forma dos dados se apresentarem, mas o "trio" "3 3 4" que dá 10 pontos, corresponde a 3 maneiras diferentes, vejamos:

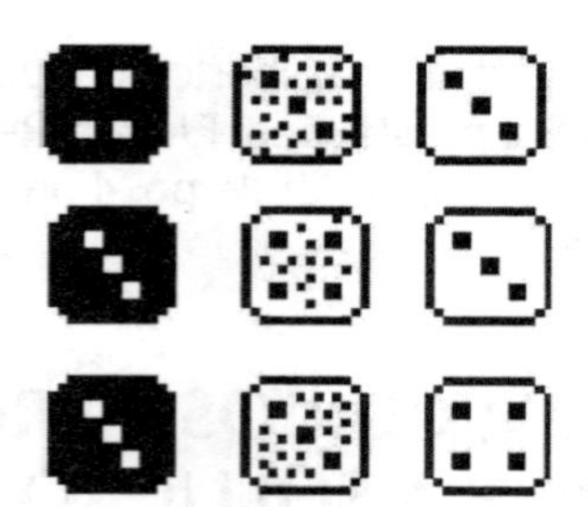

A tabela a seguir, mostra o total de maneiras de obtermos 9 ou 10 pontos, que realça o erro cometido pelos jogadores da época.

9 pontos			**maneiras**	**10 pontos**			**maneiras**
1	2	6	6	1	4	5	6
1	3	5	6	1	3	6	6
1	4	4	3	2	2	6	3
2	3	4	6	2	3	5	6
2	2	5	3	2	4	4	3
3	3	3	1	3	3	4	3
Total			**25**	**Total**			**27**

Por vezes, para definirmos o espaço de resultados associados com determinadas experiências (espaço amostral), é necessário acrescentar informações sobre a metodologia da realização da experiência. Por exemplo, se pretendermos obter o espaço de resultados associado à experiência aleatória que consiste em retirar duas bolas de uma urna contendo 5 bolas brancas e 3 pretas, é necessário saber se após a retirada da primeira bola ela é reposta ou não na urna.

A história que narramos acima, embora simples, representa um excelente exemplo de possibilidade de introdução do tema "cálculo de probabilidades", mesmo em classes do ensino fundamental. Mostra ainda a importância de definirmos de forma correta qual o espaço das possibilidades correspondente a uma determinada experiência aleatória.

"A diferença entre o que fazemos e o que somos capazes de fazer, seria suficiente para resolver a maioria dos problemas do mundo".

Mahatma Gandhi

ATIVIDADE 11. O GEOPLANO E O CÁLCULO DE ÁREAS: ATIVIDADE INVESTIGATIVA (FÓRMULA DE PICK)

O que é o Geoplano?

Trata-se de um material pedagógico manipulativo, desenvolvido por Caleb Gattegno, do Institute of Education, London University. É um interessante recurso que tem sido largamente usado em classes do Ensino Fundamental, visando suprir algumas lacunas existentes no estudo dos Polígonos, entre elas os cálculos de áreas e perímetros.

O Geoplano é um dos materiais pedagógicos definidos por Papert (criador da linguagem computacional LOGO) como "objeto-de-pensar-com". Ele próprio costumava, em criança, usar analogias entre os conceitos matemáticos com os objetos de seu cotidiano, dessa forma ele conseguia aprender matemática. Como exemplo, temos as engrenagens de relógios (que ele adorava desmontar) que eram associadas a equações e proporções. Tais associações foram fundamentais no desenvolvimento da linguagem LOGO e Papert criou um objeto computacional, que é uma tartaruga, para que as crianças, interagindo com ela, possam aprender uma linguagem computacional.

O objeto Geoplano é formado por um pedaço de madeira, com dimensão aproximada de 20x20 cm, e por pregos, formando um quadriculado. Ao passarmos um elástico circular entre estes pregos, polígonos serão formados. Baseado nesta formação, alguns conceitos podem ser elaborados: a unidade de comprimento é a distância entre dois pregos adjacentes e a unidade de área é a superfície do menor quadrado formado pelos pregos.

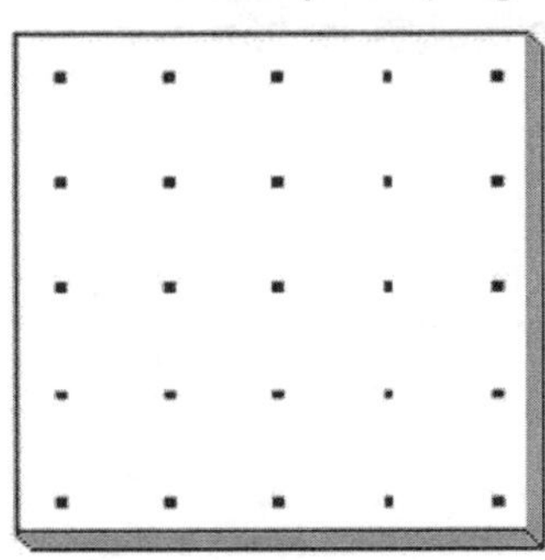

Os geoplanos, usados como recurso para atividades de investigação, no Ensino Fundamental, podem proporcionar interessantes experiências geométricas, propondo desafios de forma, dimensão, simetria, semelhança e até, mais tarde é claro, teoria dos grupos e geometria métrica e projetiva.

Em nosso estudo vamos apresentar uma atividade de investigação, envolvendo cálculo de áreas dos polígonos. Normalmente no Ensino Fundamental, essas áreas são calculadas, num estágio inicial, através da simples contagem de "quadradinhos". Aqui mostraremos que se pode inferir o valor dessa área, a partir da quantidade de pregos existentes no contorno (fronteira) e também no interior do polígono.

Problema: Na figura está representado um hexágono construído num geoplano. Desenhe outros polígonos, inicialmente com 8 pregos em sua fronteira (como na figura dada) e procure, através dessa quantidade de pregos no perímetro e também da quantidade de pregos no interior da figura, inferir uma fórmula que nos permita o cálculo da área da figura formada.

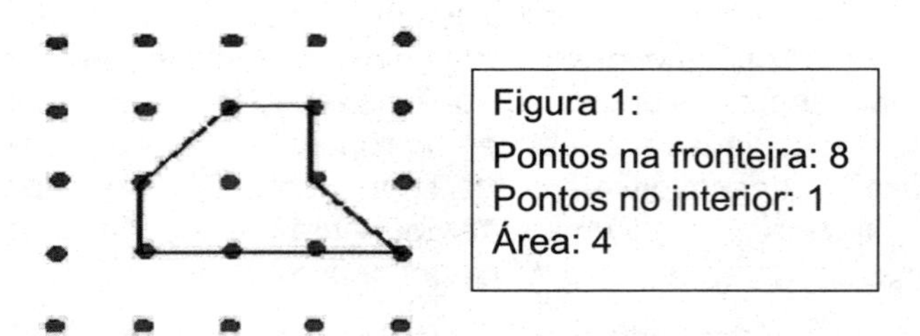

Estratégia: Vamos construir vários polígonos (não entrecruzados), com 8 pregos na fronteira, variando a quantidade de pregos no interior. Para cada um deles determinaremos as áreas.

8 pregos na fronteira - 0 pregos no interior

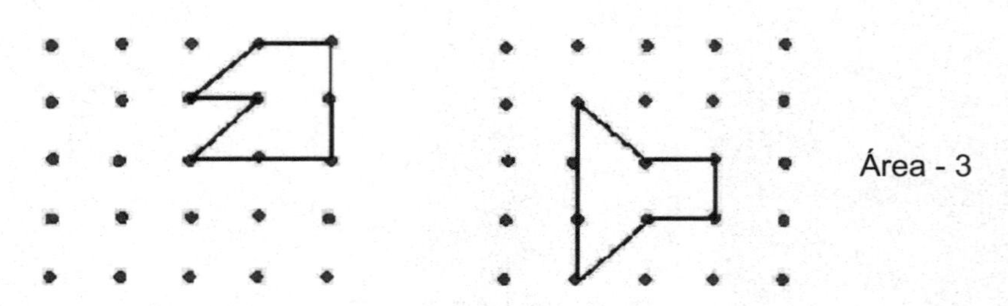

8 pregos na fronteira - 1 prego no interior

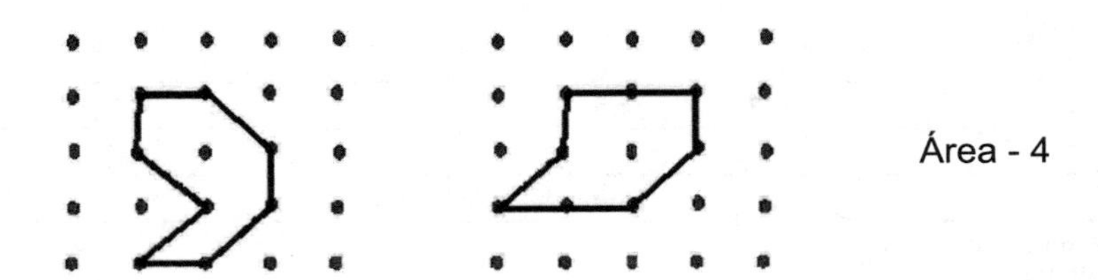

8 pregos na fronteira - 2 pregos no interior

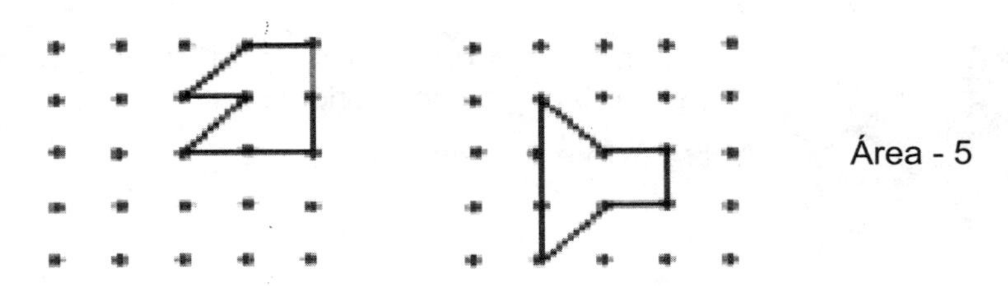

Podemos resumir as nossas conclusões até agora:

	8 pregos na fronteira							
Nº pregos no interior	0	1	2	3	4	5	6	7
Área	**3**	4	5	6	7	8	9	10

Continuando a investigação, com 9 pontos na fronteira, depois com 10 pontos na fronteira, etc...

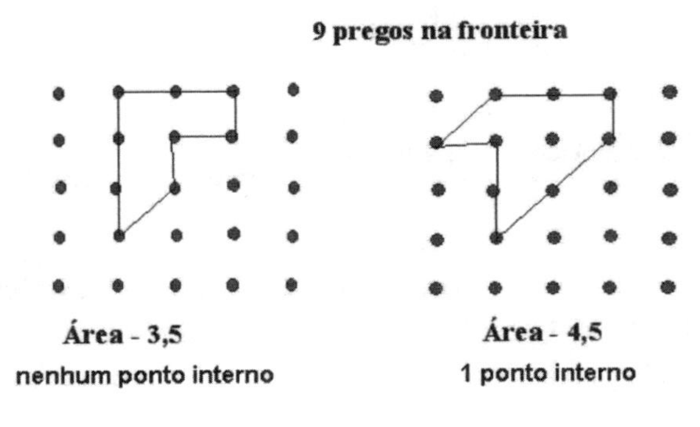

Área - 3,5
nenhum ponto interno

Área - 4,5
1 ponto interno

Continuando a investigação, descobriríamos:

9 pregos na fronteira								
Nº pregos no interior	0	1	2	3	4	5	6	7
Área	3,5	4,5	5,5	6,5	7,5	8,5	9,5	10,5

10 pregos na fronteira								
Nº pregos no interior	0	1	2	3	4	5	6	7
Área	4	5	6	7	8	9	10	11

Tente descobrir!

Qual será a área do polígono com 14 pregos na fronteira e 6 pregos no interior?

A **resposta** é 12... mas por que será?

Para ajudar, vamos organizar umas tabelas, de outra forma, com as nossas conclusões:

1 prego no interior

f	Área
8	4
9	4,5
10	5

$$A = \frac{f}{2} + 0$$

2 pregos no interior

f	Área
8	5
9	5,5
10	6

$$A = \frac{f}{2} + 1$$

3 pregos no interior

f	Área
8	6
9	6,5
10	7

$$A = \frac{f}{2} + 2$$

Conclusão:

$$\textbf{Área} - \frac{\textbf{N° pregos na fronteira}}{\textbf{2}} + \textbf{n° pregos no interior - 1}$$

Ou seja, se designarmos por f, a quantidade de pregos na fronteira (perímetro) e por i, a quantidade de pregos no interior do polígono, teremos:

$$A = \frac{f}{2} + i - 1$$

FÓRMULA DE PICK

Voltando ao desafio proposto na página anterior:

Qual será a área do polígono com 14 pregos na fronteira e 6 pregos no interior?

Aplicando a fórmula de Pick, teremos: $A = \frac{14}{2} + 6 - 1 = 7 + 5 = 12$

ATIVIDADE 12. CURIOSIDADES MATEMÁTICAS DIVERSAS

Apresentaremos a seguir uma série de curiosidades. São fatos interessantes, envolvendo matemática, que poderão servir de motivação ou complemento para uma determinada aula, desafios para o raciocínio ou apenas casos para serem contados nas rodas de bate papo.

a. Número de dias de um ano

Sabemos que um ano, não bissexto, tem 365 dias. Veja que interessante curiosidade envolvendo o número 365 e a potenciação.

$$\mathbf{10^2 + 11^2 + 12^2 = 365 = 13^2 + 14^2}$$

b. Sangaku

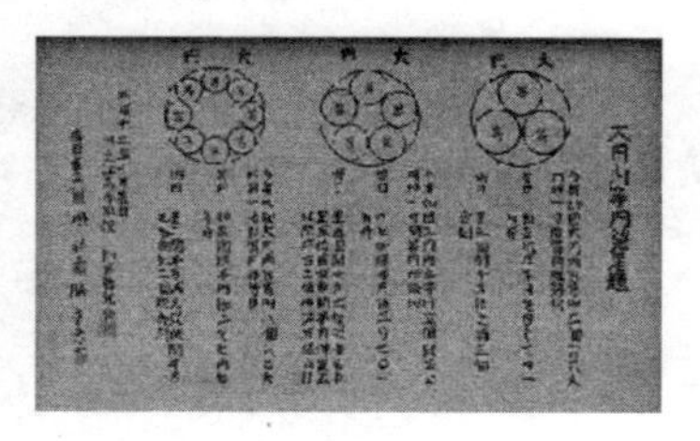

Sangaku são tábuas de madeira (quase sempre coloridas) com problemas geométricos diversos que os japoneses, aproximadamente entre os séculos XVII e XIX, ofertavam aos seus Deuses, colocando-as nas entradas de seus templos. Os problemas Sangaku, normalmente, envolviam tangências entre círculos ou entre círculos e outras formas geométricas.

Veja um desses problemas Sangaku:

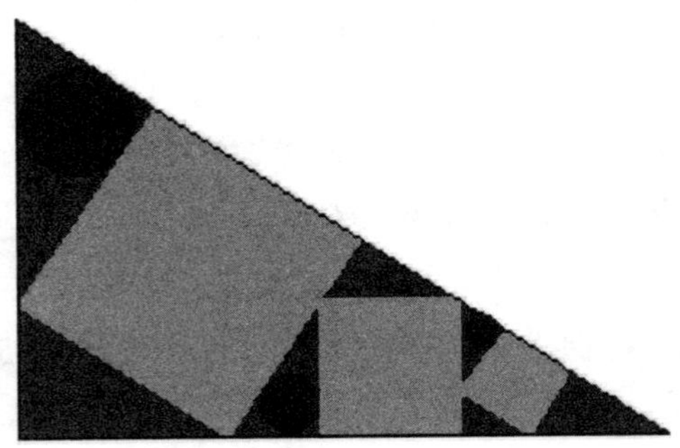

Na figura acima temos um triângulo retângulo, três quadrados e três círculos. Qual a relação que existe entre os raios desses círculos, de acordo com a figura apresentada?

Solução:

Vamos destacar uma parte dessa figura, formada pelo maior quadrado e pelo maior círculo.

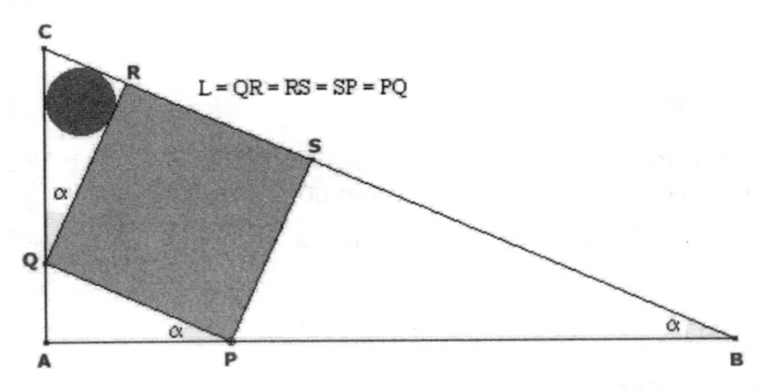

Todos os triângulos retângulos assinalados (APQ, PBS, QCR) são semelhantes (possuem dois ângulos congruentes: o reto e o ângulo α, assinalado).

Logo, temos no triângulo APQ

$$\cos(\alpha) = \frac{AP}{QL} = \frac{AP}{L} \Rightarrow AP = L\cos(\alpha)$$

Analogamente, no triângulo PBS, temos:

$$sen(\alpha) = \frac{PS}{PB} = \frac{L}{AB - AP} = \frac{L}{c - L\cos(\alpha)}$$

A relação anterior vai acarretar que: L = c sen (α) – L sen(α). cos(α) ou

L . (1 + sen(α). cos(α)) = c sen (α), ou ainda: $L = \dfrac{c\,sen(\alpha)}{1 + sen(\alpha)\cos(\alpha)}$

Temos agora uma relação que nos dá o lado do maior dos quadrados da figura inicial, sendo c = AB um dos catetos do triângulo retângulo ABC.

Vamos agora determinar o raio do maior dos círculos, inscrito no triângulo QCR. Abaixo vamos isolar o triângulo QCR e o círculo nele inscrito.

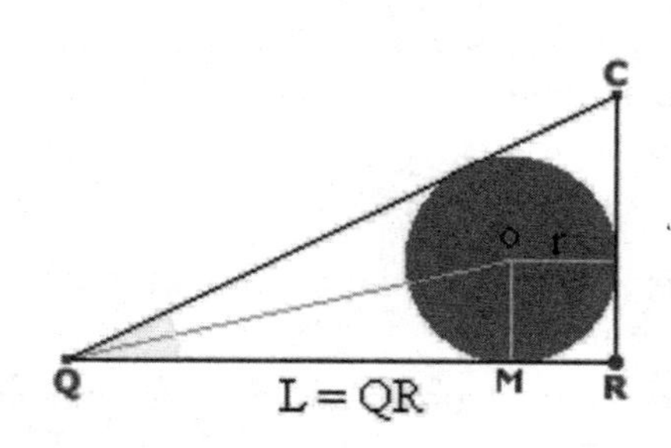

No triângulo QMO, temos $tg\left(\dfrac{\alpha}{2}\right) = \underline{r}\,QM$

Como L = QM + r e , $tg\left(\dfrac{\alpha}{2}\right) = \dfrac{sen(\alpha)}{1 + \cos(\alpha)}$

teremos: $\dfrac{Lsen(\alpha)}{1 + sen(\alpha) + \cos(\alpha)}$

Procedendo de forma análoga, teremos os valores dos outros dois raios. Representando-os por r_1, r_2 e r_3 (do menor para o maior), concluímos **que esses raios formam uma progressão geométrica**, ou seja, que o do meio é a média geométrica dos valores dos outros dois. Tal propriedade se representa por:

$$\mathbf{r_2^{\,2} = r_1 \times r_3}$$

Veja abaixo mais algumas imagens de problemas Sangaku:

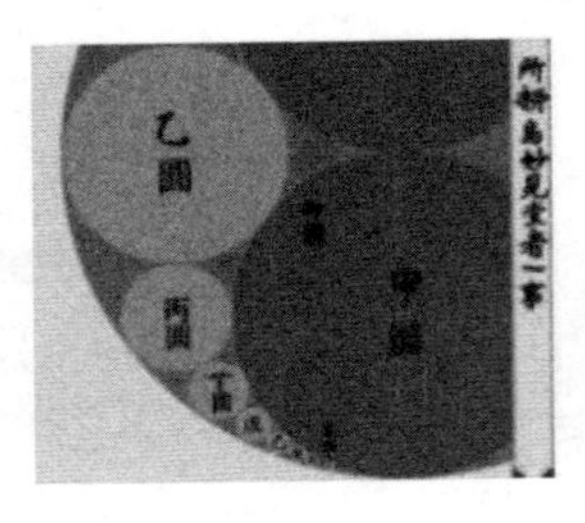

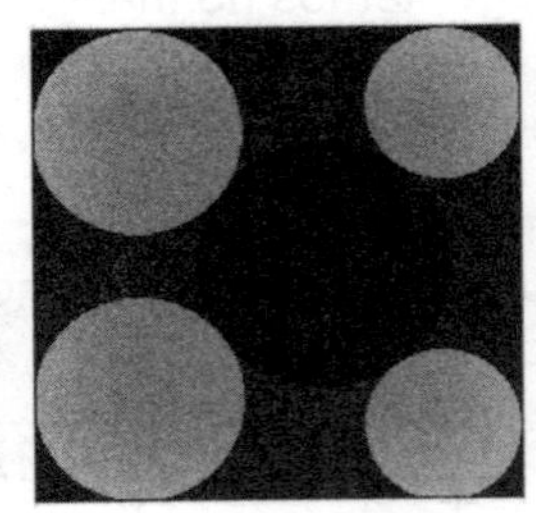

c. Decomposição de números naturais

Existem diversas curiosidades e desafios matemáticos que envolvem a decomposição de números naturais. Por exemplo, o número 1729 é o menor número natural que pode ser decomposto em duas somas distintas de dois cubos perfeitos. Veja:

$$1729 = 10^3 + 9^3 \text{ e}$$

$$1729 = 12^3 + 1^3$$

Vamos aqui apresentar várias dessas curiosidades para testar a sua habilidade com números naturais. Em seguida, apresentaremos as respostas.

- Você consegue, usando operações matemáticas, escrever de duas maneiras diferentes o número 10, usando sempre quatro algarismos nove?
- Você consegue escrever o número 100, de três modos distintos, usando sempre cinco ALGARISMOS iguais?
- Você saberia escrever o número 30 usando "três números três"? E com três números seis? E com três números cinco?
- E agora um desafio mais complexo. Você consegue obter resultado igual a 6 a partir de três números naturais iguais (de 1 a 9)? Ex. 2 + 2 + 2 = 6. O exemplo que demos é bem fácil, mas será que conseguimos isso com os demais naturais, de 1 até 9?

Respostas:

- $10 = \frac{(9x9+9)}{9} \quad ou \quad 10 = \frac{(99-9)}{9}$
- 100 = 111 – 11 ou 100 = 33 x 3 + 3/3 ou $100 = \left(\frac{44-4}{4}\right)^{\sqrt{4}}$
- 30 = 33 – 3 ; 30 = 6 x 6 – 6; 30 = 5 x 5 + 5
- (1 + 1 + 1) ! = 6 (Lembre-se que 3! = 3 x 2 x 1 = 6)

$3 \times 3 - 3 = 6$

$\sqrt{4} + \sqrt{4} + \sqrt{4} = 6$

$5 + \frac{5}{5} = 6$

$6 + 6 - 6 = 6$

$7 - \frac{7}{7} = 6$

$\sqrt[3]{8} + \sqrt[3]{8} + \sqrt[3]{8} = 6$

$\sqrt{9} \times \sqrt{9} - \sqrt{9} = 6$

d. O homem que só sabia multiplicar e dividir por dois

Certa vez, li num artigo da Internet, que um professor havia encontrado um aluno que só sabia multiplicar e dividir por 2 e que, mesmo assim, conseguia resolver (e até com certa rapidez) todas as multiplicações envolvendo dois números naturais, até mesmo com números bem grandes.

No artigo mostrava que ele procedia da seguinte maneira. Por exemplo, se ele queria multiplicar 85 por 42, ele fazia da seguinte maneira:

1. Montava uma tabela, com duas colunas, iniciando uma delas pelo 85 e a outra pelo 42.
2. Enquanto ia dividindo os números da coluna da esquerda por dois, abandonando os "quebrados", se fosse o caso, ia multiplicando os números da coluna da direita por 2.
3. Em seguida, abandonava todas as linhas da tabela, cujos números da esquerda eram PARES.
4. Finalmente, somava todos os números da segunda coluna que haviam sobrado. Era o resultado da multiplicação.

Veja como ele fez:

85	42
42	84
21	168
10	336
5	672
2	1344
1	2688

Abandonando as linhas que tinham números pares na esquerda (e que sombreamos na tabela), veja o que restou:

85	42
21	168
5	672
1	2688

Somando os números que sobraram na coluna da direita, teremos: 42 + 168 + 672 + 2688 = 3570. Verifique numa calculadora, fazendo 85 x 42 e verifique que o resultado está correto.

Faça outros exemplos e veja que sempre vai dar certo. Qual seria a explicação matemática para esse fato?

Fiquei intrigado com o método que ele havia usado e fui pesquisar sobre o mesmo, sobre a sua validade e sua origem.

O que descobri, mostro a seguir:

Ao longo dos tempos, diferentes povos, em diferentes lugares, desenvolveram variadas técnicas para multiplicar. Os egípcios da Antigüidade, por exemplo, criaram um interessante processo usando duplicações sucessivas. Duplicar é dobrar, isto é, multiplicar por dois. Alias a própria palavra multiplicar tem como origem latina, onde ***multi* quer dizer vários e *plicare* significa dobrar**. Assim, multiplicar é dobrar várias vezes.

O processo usado por esse aluno, que também usa dobrar os números, trata-se de uma técnica usada pelos antigos **camponeses Russos**. Um método muito eficiente e que facilita bastante o cálculo mental.

Veja a justificativa do método:

Veja uma situação prática. Se você tem 16 notas de 5 reais, é o mesmo que se tivesse 8 notas de 10 reais ou 4 notas de 20 reais. É claro que uma multiplicação não se altera se um dos fatores dobra e o outro fica reduzido à metade. Todo esse método está escorado nessa simples propriedade das multiplicações.

Vamos observar um primeiro exemplo simples, onde um dos fatores é uma potência de 2.

- 16 x 45 = ? (16 é uma potência de 2, é igual a 2^4)

16	45
8	90
4	180
2	360
1	720

Nesse caso, verificamos que o produto procurado, que é 16 x 45, é também igual a 8 x 90 ou 4 x 180 ou 2 x 360 ou ainda 1 x 720. É claro, portanto que o produto será 720. Verifique que, para esses casos (quando um dos fatores é potência de 2), o resultado da multiplicação é o número que está ao lado do número 1 (o único fator ímpar que surgiu na coluna da esquerda).

Como vimos no método que o aluno usava todas as linhas iniciadas por números pares teriam de ser abandonadas. Se fizermos isso no exemplo anterior, só vai sobrar mesmo o número 720, o que confirma o método para esse tipo de caso.

Mas se o número dado não é uma potência de 2? Como se justifica o processo usado? Vejamos um outro exemplo:

◆ 24 x 34 = ?

24	34
12	68
6	136
3	272
1	544

Nesta multiplicação, temos 24 grupos de 34 ou 12 grupos de 68 ou 6 grupos de 136. Quando chegamos ao número 3, sabemos que, por ser ímpar, não teríamos uma quantidade inteira de grupos. Substituímos então o 3 por 2, ficamos com 2 grupos de 272 e guardamos um grupo. Como a metade de 2 é 1, chegamos ao resultado 544. Só que este resultado está incompleto, pois havíamos guardado um grupo de 272. Logo, a resposta correta é 544 + 272 = **816.**

Verifique que na realidade é só usar a regrinha prática mostrada pelo aluno, ou seja, somar todos os números da coluna da direita, correspondentes a números ímpares da coluna da esquerda. Criativo e fácil, não?

Após a justificativa, vejamos um exemplo mais completo, usando a "regra prática" (Método dos camponeses Russos).

120 x 215 = ?

120	215
60	430
30	860
15	1720
7	3440
3	6880
1	13760

Somando os números da direita, com correspondentes ímpares na esquerda, teremos:

1720 + 3440 + 6880 + 13760 = **25 800**

120 x 215 = **25 800**

Métodos como esse, da multiplicação feita pelos camponeses Russos é que mostram toda a riqueza de uma atual tendência da Educação Matemática – a Etnomatemática.

A Etnomatemática, que procura valorizar o conhecimento matemático existente em distintos grupos sociais e etnias, tem como um de seus maiores estudiosos o emérito professor brasileiro Dr. Ubiratan D'Ambrósio.

e. Em que dia da semana você nasceu?

No sábado, dia 22 de julho de 2006, eu assistia ao programa Caldeirão do Huck, da Rede Globo de televisão quando, numa certa parte do programa, apareceu um rapaz de São Paulo que foi apresentado como o brasileiro possuidor da melhor memória. Ele representaria o Brasil num campeonato mundial de memorização. Esse rapaz, além da proeza de uma memória bem treinada, mostrou um truque que surpreendeu a todos: ele era capaz de descobrir o dia da semana correspondente a uma data qualquer que as pessoas escolhessem. O programa, muito bem produzido, colocou no telão um software que, após a pessoa ter escolhido uma data qualquer, mostrava o calendário do mês e do ano escolhidos, destacando o dia mencionado pela pessoa. O rapaz, com uma venda colocada nos olhos, acertou todos.

Na entrevista que deu ao apresentador do programa, o rapaz comentou que essa atividade não se tratava tanto de memória, mas sim de um cálculo que ele efetuava e que envolvia o número 7.

Lembrei que já tinha visto vários truques similares e que na Internet existem diversos sites com softwares onde você digita uma data qualquer e imediatamente aparece o dia da semana correspondente. Algumas calculadoras financeiras também têm programas prontos (função "calendário") que fazem o mesmo. O que me ocorreu na hora é que, normalmente, a justificativa do método usado não é dada. As pessoas seguem certas "regrinhas" decoradas e conseguem descobrir os dias da semana desejados, que são normalmente datas de nascimento, casamento etc.

Após alguma pesquisa e com a fundamental ajuda do meu filho Vinícius, apresento aqui uma dessas "regrinhas", acompanhada de sua justificativa matemática. Aos professores informo que é mais uma excelente atividade para sala de aula, envolvendo novamente a aritmética modular (congruência módulo 7).

Vejamos a regra prática, alguns exemplos e, finalmente, a explicação. O procedimento que escolhemos funciona para datas entre 1900 e 2399 (devido a uma particularidade dos anos bissextos terminados em "00"). Com algumas modificações, contudo, pode ser adaptado para atender quaisquer datas.

1. Calcule quantos anos se passaram desde 1900 até o ano em que você nasceu. Por exemplo, se você nasceu em 1980, irá anotar **80**. Vamos chamar essa quantidade de **A**.
2. Calcule quantos 29 de fevereiro existiram depois de 1900 e antes da data considerada. Para isso devemos dividir por 4 o valor A, sem considerar o resto da divisão. Vamos chamar essa quantidade de B.

   Caso o ano da data considerada seja bissexto, devemos considerar dois casos:

   2.1 se a data for até 29 de fevereiro, consideramos o valor B – 1 (pois o 29 de fevereiro ainda não passou).

   2.2 se a data for após 29 de fevereiro, consideramos o próprio valor B, como fazemos para os anos não bissextos.

Cabe lembrar que para verificar se um ano é bissexto procedemos da seguinte forma: caso o ano não termine por 00, é só verificar se ele é múltiplo de 4. Por exemplo, 2008 é bissexto pois é múltiplo de 4. Caso termine em 00, o ano precisa ser múltiplo de 400. Por exemplo, 2000 foi um ano bissexto pois é múltiplo de 400.

3. Considerando o mês do nascimento, obtenha o número associado a ele, que está na tabela logo abaixo. Procure o mês e anote o número que está ao lado dele. Vamos chamar esse número de **C.**
4. Considere o dia do nascimento (**x**). Calcule **x – 1**, que vamos chamar de **D.**

Janeiro	**0**	**Julho**	**6**
Fevereiro	**3**	**Agosto**	**6**
Março	**3**	**Setembro**	**5**
Abril	**6**	**Outubro**	**0**
Maio	**1**	**Novembro**	**3**
Junho	**4**	**Dezembro**	**5**

5. **Some** agora os quatro números que você obteve nas etapas anteriores **(A + B + C + D).** Divida essa soma obtida por sete (7) e verifique o valor do **resto** dessa divisão.

6. Finalmente, procure esse resto na tabela abaixo. Você terá o dia da semana do seu nascimento ou de qualquer outra pessoa que queira descobrir.

SEGUNDA-FEIRA	0
TERÇA-FEIRA	1
QUARTA-FEIRA	2
QUINTA-FEIRA	3
SEXTA-FEIRA	4
SÁBADO	5
DOMINGO	6

Vejamos um exemplo. Vamos imaginar uma pessoa que tenha nascido em 16 de fevereiro de 1918. Qual foi o dia da semana?

1. **18** (1918 – 1900), logo, **A = 18**
2. 18:4 = **4** (desconsidere o resto), logo, **B = 4**
3. O mês é Fevereiro, então **C = 3** (ver na tabela)
4. **x = 16** (dia do nascimento), logo, **D = 15** (x – 1)
5. Somando os quatro números, teremos 18 + 4 + 3 + 15 = **40**

40 : 7 = 5 e resto **5.** Na tabela o **5** é um **SÁBADO**.

Só para conferir, fomos procurar um calendário de 1918, destacando o mês de fevereiro. Veja que o dia 16 foi realmente um **SÁBADO**.

Fevereiro - 1918						
D	S	T	Q	Q	S	S
					1	2
3	4	5	6	7	8	9
10	11	12	13	14	15	**16**
17	18	19	20	21	22	23
24	25	26	27	28		

Interessante, não?

Justificativa matemática:

Fato número 1. O algoritmo (regrinha) que foi montado partiu do fato de que o dia 1º de janeiro de 1900 foi uma segunda-feira (0, na tabela). Todos os passos que foram colocados na regra prática visam determinar o "deslocamento", na sequência de dias da semana, que a data procurada tem em relação àquela segunda-feira, 01/01/1900, que é nosso "ponto de partida".

Fato número 2. Cada ano de 365 dias vê seu primeiro de janeiro "afastado" de uma posição para a direita no ciclo dos dias da semana (segunda, terça, quarta, quinta, sexta, sábado, domingo, segunda, etc.) em relação ao dia-da-semana em que caiu o primeiro de janeiro do ano anterior. Isto porque 365 dividido por 7 deixa resto 1. Quando a pessoa faz a diferença entre o ano de seu nascimento e o ano 1900, está descobrindo quantos "afastamentos", ou deslocamentos, essa data primeira sofreu em relação ao àquele 01/01/1900. Quando descobrimos, na fase seguinte, a quantidade de anos bissextos (ao dividir o resultado anterior por 4), estamos acrescentando o deslocamento adicional de mais uma "casa", no ciclo de dias da semana, para cada ano bissexto considerado. Isto porque os anos bissextos afastam o primeiro de janeiro do ano seguinte não em 1 "casa", mas em 2, já que 366 deixa resto 2 quando dividido por 7.

Os dois primeiros passos do processo serviram apenas para localizar o dia 1º de janeiro do ano considerado, ou seja, até aqui apenas o **ANO** da data desejada foi considerado. Agora é a vez de acrescentarmos os deslocamentos gerados pelo mês e pelo dia da data procurada.

Fato número 3 – Se todos os meses do ano tivessem 28 dias (que gera resto zero ao ser dividido por 7), todos os meses teriam o seu dia primeiro exatamente no mesmo dia da semana que o primeiro de janeiro do ano considerado. Mas como temos meses com mais de 28 dias, todos esses meses (transcorridos de janeiro até o mês considerado) "empurram" o seu dia primeiro um certo número de "casas" adiante no ciclo dos dias da semana. A tabela criada para o nosso algoritmo está relacionada à aritmética modular, ou seja, à congruência módulo 7. Vejamos como surgiram os números da tabela.

Janeiro é a nossa referência, logo não há qualquer afastamento em relação a ele próprio (não há qualquer mês antes dele, empurrando seu dia primeiro para a direita, no ciclo, em relação ao próprio 1º de janeiro do ano em questão). Por isso, na tabela dada, ao lado do mês de janeiro, temos o número zero.

Como o mês de **janeiro** tem 31 dias e 31 dividido por 7 deixa resto 3, esse mês vai "empurrar" o primeiro dia do mês seguinte 3 "casas" para a direita em relação ao primeiro de janeiro daquele ano. Por isso, o mês de **fevereiro** recebe o número 3 na tabela.

Como **fevereiro** tem 28 dias e 28 dividido por 7 deixa resto 0, esse mês não irá acrescentar qualquer "deslocamento" adicional ao mês seguinte. Logo, o primeiro dia do mês de **março** cairá no mesmo dia da semana que o primeiro de fevereiro daquele ano, ou seja, será deslocado apenas das mesmas 3 "casas" para a direita, em relação ao primeiro de janeiro daquele ano, que o dia primeiro de fevereiro foi. Por isso, na tabela dada, o mês de **março** também tem o número 3.

Como **março** tem 31 dias e 31 dividido por 7 deixa resto 3, esse mês vai "empurrar" os dias do mês seguinte um total de (3 + 0 + 3) "casas" para a direita, já que como num dominó em cascata, esses deslocamentos são cumulativos. Por isso na tabela, o mês de **abril** tem o número 6.

Como **abril** tem 30 dias e 30 dividido por 7 deixa resto 2, esse mês vai "empurrar" os dias do mês seguinte um total de (3 + 0 + 3 + 2) "casas", mas como a semana só tem 7 dias, na congruência módulo 7 o número 8 corresponde ao 1 (8 : 7 = 1 e **resto 1**). Isto é, avançar oito "casas" no ciclo de dias da semana é o mesmo que avançar uma "casa" apenas. Por isso o mês de **maio** na tabela tem o número 1.

Assim por diante, justificam-se facilmente os números que estão ao lado dos outros meses.

Os passos que demos até aqui determinaram a quantidade de "casas" em que o primeiro dia do mês da data considerada está adiante, no ciclo dos dias da semana, do dia primeiro de janeiro de 1900. Precisamos agora, para finalizar, determinar a quantidade de deslocamentos necessários para atingirmos o exato **dia** procurado. Ora, se localizamos o dia 1 e queremos localizar o dia **x** de um determinado mês, precisamos ainda de um deslocamento correspondente a **(x – 1) "**passos"**.** Veja, por exemplo, se a data procurada fosse o dia 4 de um determinado mês, teríamos ainda mais 3 = 4 – 1 deslocamentos à direita no ciclo de dias da semana. Se o dia primeiro daquele mês caiu numa terça-feira, por exemplo, o dia 4 cairá numa sexta-feira (que está, evidentemente, 3 "casas" adiante de terça-feira, no ciclo).

É claro que a soma dos quatro números obtidos nas etapas do processo terá sempre de ser dividida por 7, pois são sete os dias da semana e o ciclo se repete sempre.

Essa atividade, ou brincadeira, ou truque é um outro exemplo interessante do que chamamos de **congruência módulo k**, que nesse caso é igual a 7.

Lembro ainda que em algumas atividades mostradas no capítulo do tratamento da informação (como no caso do CPF das pessoas), já havíamos usado a congruência módulo 11.

Que tal mais um exemplo?

Vamos descobrir em qual dia da semana caiu o Natal do ano 2000. Abaixo todos os passos do processo.

1. **100** (2000 – 1900). **A = 100**
2. 100 : 4 =25 ("dias 29 de fevereiro transcorridos!") B=25. (Mesmo 2000 tendo sido um ano bissexto, não precisa subtrair 1 pois essa data é posterior a 29 de fevereiro). Se fosse uma data antes de 29 de fevereiro, esse valor obtido aqui (B) teria de ser subtraído de 1.
3. Mês dezembro, na tabela = **5. C = 5**
4. Natal = dia **25,** x = 25, logo **D = 24** (x – 1)

Somando A + B + C + D, teremos: 100 + 25 + 5 + 24 = **154**

Calculando o resto da divisão por 7.

154 : 7 = 22, resto **0**. Na tabela, temos **0 = 2ª feira.**

Vejamos o calendário de dezembro de 2000

Dezembro - 2000						
D	S	T	Q	Q	S	S
					1	2
3	4	5	6	7	8	9
10	11	12	13	14	15	16
17	18	19	20	21	22	23
24	**25**	26	27	28	29	30
31						

O rapaz que compareceu ao programa de TV devia usar essa regra ou outra semelhante e só teve que decorar a tabela dos meses e, é claro, ter facilidade para cálculo mental.

ATIVIDADE 13. DOIS MÉTODOS ARITMÉTICOS PARA A RESOLUÇÃO DE PROBLEMAS

Introdução

Os três ramos básicos da Matemática são: Aritmética, Álgebra e Geometria. Os livros, mais antigos, dividiam-se nessas três disciplinas e os alunos habituavam-se a aplicar métodos algébricos, aritméticos ou geométricos, se bem que a álgebra é mais recente do que as outras duas partes.

Atualmente há um exagerado prestígio da Álgebra, em detrimento das demais áreas, chegando muitas vezes a confundir e complicar o entendimento de alunos do Ensino Fundamental, que ainda não se encontram desenvolvidos suficientemente para o estágio de abstração necessário ao entendimento algébrico.

Este tópico de nosso trabalho pretende resgatar dois métodos aritméticos de resolução de problemas, que praticamente não são mais ensinados na Educação Básica, antes que eles acabem se perdendo por completo, com o passar dos anos.

Muitos desses métodos, com certeza, facilitarão que os alunos entendam melhor e resolvam intricados problemas que, através da Álgebra, teriam soluções por vezes complexas ou trabalhosas demais. Na pior das hipóteses, poderão servir como uma alternativa a mais ao Educador Matemático, na busca de metodologias que possam permitir que todos os alunos entendam e gostem da Matemática.

A. Regra do Falso Número ou da Falsa Posição

> *"Da qual primeiramente haveis de saber que a regra de uma falsa posição não é outra salvo uma obra que fazemos pondo um número falso para que, mediante ele, achemos outro verdadeiro que buscamos. E por esta causa se chama regra de uma falsa posição – por assim pormos nela um número falso somente para, por ele, acharmos o verdadeiro. E não é de maravilhar que, mediante um falso número, achemos o verdadeiro que buscamos porque, segundo diz Aristóteles, muitas vezes pelo falso conhecemos o verdadeiro"*
>
> *(Ruy Mendes* - Prática d'Arismética- *Lisboa, Germão Galharde,*

1540)

A técnica da falsa posição ou do falso número é de origem Indiana e parece ter sido inventada depois do século VII, mas temos registros bem anteriores a isso, em outras civilizações. É um procedimento aritmético, envolvendo proporções, que parte de um número qualquer (nem tanto assim), denominado valor falso, para se obter o valor desejado no problema.

Comentamos que o tal número falso que arbitramos não é tão "qualquer" assim, pois, aconselha-se adotar sempre um número que seja divisível pelos denominadores das frações que aparecem no enunciado, de modo a facilitar os cálculos envolvidos. Com os exemplos práticos que mostraremos, essa regra ficará bem clara para todos.

Vejamos um primeiro exemplo prático de aplicação dessa regra:

A idade de Rita, somada de outro tanto como ela, somada com a sua metade, com a sua terça parte e com a sua quarta parte, dá o resultado 111. Qual a idade de Rita?

Solução:

Vou adotar, como falso número (idade de Rita) o **número 12**. A escolha desse valor foi pelo simples fato de que ele é divisível por 2, por 3 e por 4, que são os **denominadores** das frações envolvidas no enunciado do problema.

Usando o número 12 e aplicando as operações indicadas, iremos obter:

12 (idade) + 12 (idade) + 6 (metade) + 4 (terça parte) + 3 (quarta parte) = **37**.

Basta agora fazermos um "ajuste", através de uma proporção, da seguinte forma:

	NÚMERO	RESULTADO
FALSO	12	37
VERDADEIRO	X	111

Temos agora que resolver a seguinte proporção:

$$\frac{12}{X} = \frac{37}{X}$$

$$X = \frac{12 \times 111}{37} = 36$$

Conclusão: Rita tem 36 anos.

Comentário: É claro que tal problema seria facilmente resolvido (que é como os alunos fazem normalmente) através de uma equação do primeiro grau, vejamos essa outra solução:

$$x + x + \frac{x}{2} + \frac{x}{3} + \frac{x}{4} = 111$$

Reduzindo ao mesmo denominador e "eliminando", teremos:

12x + 12x + 6x + 4x + 3x = 111 x 12

37x = 111 x 12

x = 36

Observe que recaímos (e não poderia ser diferente) no mesmo cálculo que chegamos ao aplicarmos a técnica da falsa posição.

Sabe-se também que um dos mais antigos documentos ainda existentes de Matemática, que é o "Papiro de Ahmes (Rhind)[1]" (guardado no Museu Britânico), contém cerca de 80 problemas de matemática, resolvidos. Os problemas, na sua maioria, diziam sobre o cotidiano dos antigos egípcios e tratavam de coisas como: preço do pão, alimentação do gado, armazenamento de grãos, etc. Como os egípcios não tinham ainda a Álgebra, aplicavam técnicas aritméticas, predominantemente a de "Falso Número". As incógnitas dos problemas ou números desconhecidos eram, comumente chamados de "montão".

Vejamos um desses problemas do "Papiro de Rhind".

Um montão, sua metade, seus dois terços, todos juntos são 26. Diga-me quanto é esse montão?

Vamos agora usar o valor falso 18 (você já deve saber o porquê dessa

[1]Em 1855, um advogado e antiquário escocês, A. H. Rhind (1833 - 1863), viajou, por razões de saúde, ao Egito em busca de um clima mais ameno, e lá começou a estudar objetos da Antigüidade. Em 1858, adquiriu um papiro que continha textos matemáticos. É o papiro *Rhind* ou *Ahmes*, datado aproximadamente no ano 1650 a.C., onde encontramos um texto matemático na forma de manual prático que contém 85 problemas copiados em escrita hierática pelo escriba Ahmes de um trabalho mais antigo. (fonte: http://www.matematica.br/historia)

escolha).

A metade de 18 é 9 e seus dois terços valem $\left(\frac{2}{3}x18=12\right)$

Logo, de acordo com o enunciado, teremos:

18 + 9 + 12 = 39

Aplicando agora os ajustes necessários, teremos:

	NÚMERO	RESULTADO
FALSO	18	39
VERDADEIRO	X	26

$$\frac{18}{X} = \frac{39}{26}$$

$$x = \frac{18 \times 26}{39} = 12$$

Logo, o resultado procurado (o montão) é o número 12.

Repita o mesmo exercício anterior, usando qualquer valor como número falso (e não 18, como fizemos). Você irá constatar que a resposta final será a mesma, independentemente do valor falso escolhido.

Justificativa do Método:

Na realidade tal método é adequado para questões do tipo ax = b, ou , usando notações mais modernas, temos uma função linear (y = f(x) = ax) e desejamos saber para que valor de x ela terá imagem igual a b. A proporção que usamos nos exemplos anteriores nada mais é que decorrente da semelhança entre triângulos que aparece no gráfico dessa função.

Vejamos um exemplo simples:

Um número, mais a sua metade é igual a 12. Qual é esse número?

Nesse caso, temos a função f, de IR, em IR, definida por $f(x) = x + \frac{x}{2}$ e, buscamos para qual valor de x temos f(x) = 12. Usando o valor falso, x = 4, por exemplo, teremos o resultado f(4) = 4 + 2 = 6. Aplicando o "ajuste" teríamos que a resposta correta é 8. Vejamos o que ocorre no gráfico dessa função:

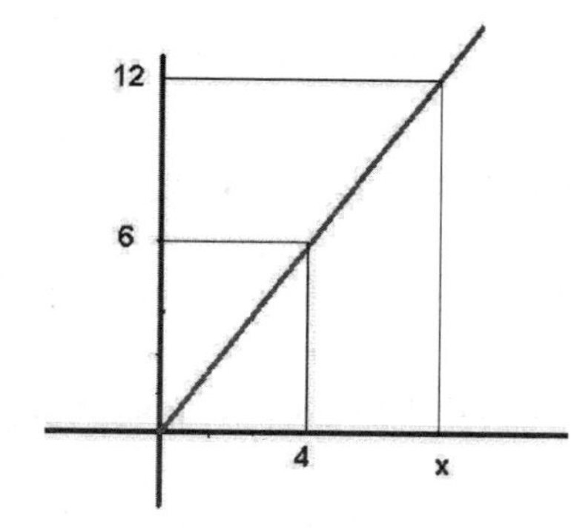

$$\frac{4}{6} = \frac{x}{12}$$

Esta proporção justifica o método utilizado nos casos da regra de falsa posição.

Para equações do tipo ax + b = c a regra não funcionaria, mas podemos usar uma regra similar, denominada de "dupla falsa posição".

Para usarmos a regra de dupla falsa posição, devemos considerar a função f(x) = ax + b – c, atribuir dois valores falsos, x_1 e x_2, calcular os valores numéricos correspondentes, $f(x_1)$ e $f(x_2)$ e, em seguida, montar a proporção:

$$\frac{f(x_2) - f(x_1)}{x_2 - x_1} = \frac{f(x_2) - c}{x_2 - c} = \frac{f(x_2) - f(x)}{x_2 - x}$$

Graficamente, o que temos é:

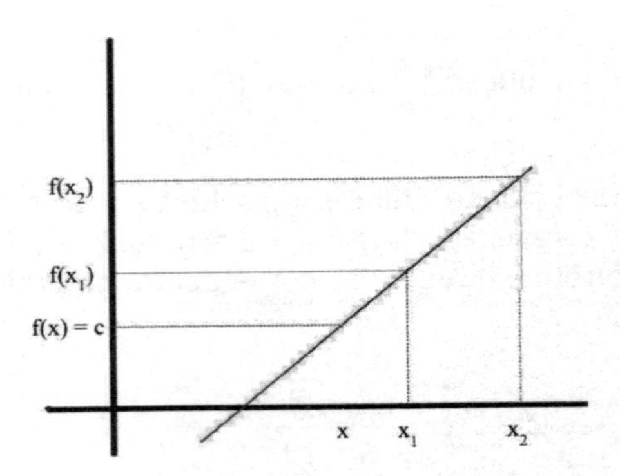

Tanto a regra da falsa posição, quando a regra da dupla falsa posição, dão o valor exato de x.

Para problemas não lineares, podemos aplicar a regra de dupla falsa posição, obtendo valores aproximados para x.

Cardano (séc. XVI) aplicava, repetidas vezes, a regra da falsa posição, visando melhorar a aproximação do resultado.

Atualmente usamos tal regra, com o nome de **Interpolação Linear**, para aproximarmos um arco de curva por um segmento de reta.

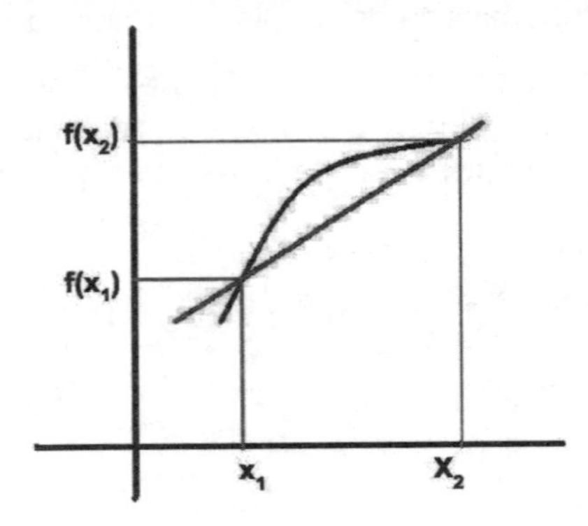

Esse tipo de recurso é muito usado em problemas de Cálculo Numérico e de Matemática Financeira, quando consultamos tabelas específicas e não encontramos o valor exato de um resultado procurado para taxa ou para o tempo.

Encontramos inclusive alguns registros, entre os antigos babilônios, de problemas desse tipo, como: *Em quanto tempo o capital de 1 gur, aplicado a 20% ao ano, duplica de valor?*

Sabemos que esse capital terá de gerar um montante igual a 2 gur e que, a cada ano, ficará multiplicado por 1,2 (100% + 20% = 120% = 1,2), ou seja:

$1 \times (1,2)^n = 2$

Temos aqui a função exponencial $f(x) = (1,2)^x$

Sabemos que $(1,2)^3 \cong 1,7280$ e que $(1,2)^4 \cong 2,0736$

Fazendo $x_1 = 3$ e $x_2 = 4$, com $f(x_1) = 1,7280$ e $f(x_2) = 2,0736$ e aplicando a regra da dupla falsa posição, teremos:

$$\frac{f(x_2) - f(x_1)}{x_2 - x_1} = \frac{f(x_2) - f(x)}{x_2 - x}$$

$$\frac{2,0736 - 1,7280}{4 - 3} = \frac{2,0736 - 2}{4 - x}$$

$$\frac{0,3456}{1} = \frac{0,0736}{4 - x}$$

Fazendo o produto cruzado, teremos: $0,3456 \times (4 - x) = 0,0736$ ou

$1,3824 - 0,3456 . x = 0,0736$

$0,3456 . x = 1,3824 - 0,0736$

$0,3456 . x = 1,3088$, o que acarreta $x = 1,3088 : 0,3456 \cong 3,787$ anos.

Na solução dos babilônios, colocaram a seguinte resposta para tal problema:

De 4 anos, deve-se subtrair 2,5 meses, ou seja $4 - \frac{2,5}{12} \cong 3,79$ *anos.*

Usando uma moderna calculadora financeira, teremos a resposta 3,8018 anos, o que mostra que tivemos uma excelente aproximação da resposta.

Resolva agora, aplicando as regras da falsa posição ou dupla falsa posição, as questões seguintes:

1. Um aluno deveria multiplicar um número natural por 500, mas, por distração, esqueceu-se de colocar o zero final do produto obtido. Dessa forma também, o resultado tornou-se 55 350 unidades inferior. Qual o número

que ele queria multiplicar por 500?

a. 123 b. 321 c. 118 d. 76 e. 32

Resp. a

2. O Sr. "Toffer-Rado" reservou um quinto do seu salário para o aluguel, um terço do salário para alimentação, um quarto do salário para transportes e educação e ainda lhe sobraram R$ 130,00. Qual o salário dele?

   a. R$ 350,00 b. R$ 450,00 c. R$ 600,00

   d. R$ 850,00 e. R$ 250,00

   Resp. c

3. Durante quanto tempo, aproximadamente, deve ser aplicado um capital qualquer, sob taxa composta de 5% ao mês, para ficar quadruplicado?

   Resp. 28 anos

B. Regra de Sociedade

Denomina-se regra de sociedade aos problemas de divisão proporcional, que envolvem divisão de lucros ou de prejuízos entre sócios de um empreendimento qualquer. É um método muito antigo e que, em Portugal, era chamado também de Regra de Companhia.

A partilha será proporcional ao capital de ingresso ou ao tempo de permanência de cada sócio, ou a ambos, podendo assim ser **simples** ou **composta** a regra de sociedade, conforme seja a divisão proporcional a um ou a dois elementos.

Exemplos:

1. Os sócios A e B constituíram uma empresa. Entraram cada um com o capital de R$ 7 800,00 e R$ 15 200,00, respectivamente. Após um ano de atividades, lucraram R$ 46 000,00. Quanto coube ao sócio A?

   Solução:

   Verificamos que é uma regra de sociedade simples, e os lucros serão proporcionais aos capitais de ingresso (nesse caso, podemos dividi-los por 100, que mantemos a proporção).

   Podemos usar a seguinte maneira prática:

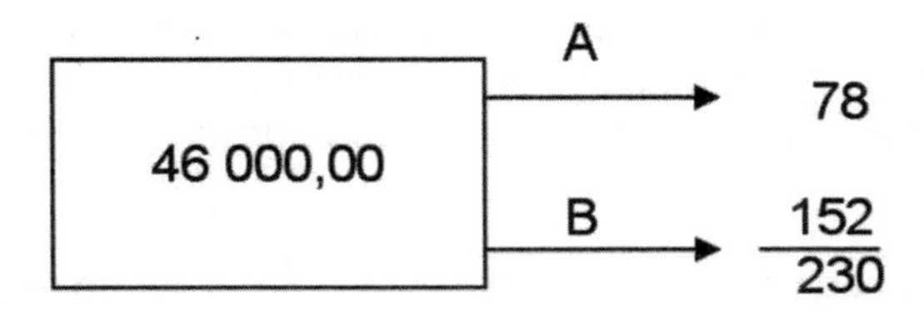

É como se o lucro total fosse dividido em 230 cotas iguais, cabendo 78 cotas ao sócio A e 152 cotas ao sócio B. Logo, teremos:

46 000 : 230 = 200,00 (valor de cada cota)

78 x 200,00 = **15 600,00** (parte do sócio A, no lucro auferido pela sociedade).

2. A firma A,B e C é constituída das seguintes participações: A - R$ 5000,00, por 2 meses; B - R$ 4000,00, por 5 meses e C - R$ 2000,00, por 6 meses. Qual a parte do sócio majoritário em um lucro de R$ 15 120,00?

   Solução:

   Trata-se, agora, de um caso de regra de sociedade composta, onde as participações serão proporcionais a: 5.2 =10; 4.5 =20 e 2.6 =12, logo, teremos:

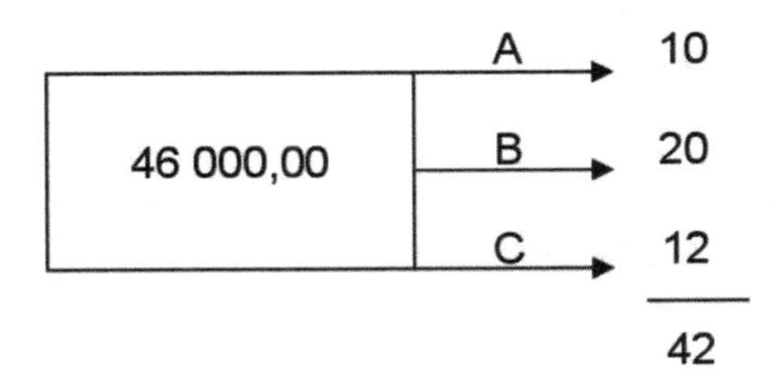

Valor de cada cota = 15 120,00 : 42 = 360,00

Sócio Majoritário (B) = 20 x 360,00 = **7200,00**

DICA!!

Normalmente, o que pode complicar um problema sobre regra de sociedade é o fato de apresentarem várias etapas distintas do empreendimento, onde o lucro é auferido após tais etapas. O que sugiro é determinarmos as participações de cada sócio nas etapas distintas, somando depois todos os parâmetros obtidos.

1. Os sócios A e B constituíram uma sociedade, participando respectivamente com R$ 4000,00 e R$ 6000,00. Dois meses depois o sócio A retirou R$ 1000,00 e quatro meses depois desta data, o sócio B retirou R$ 2000,00. Qual a parte que coube ao sócio A num lucro de R$ 11 760,00, auferido após um ano do início?

Solução:

$$Fase1:\begin{cases} A = 4.2 = 8 \\ B = 6.2 = 12 \end{cases}$$

$$Fase2:\begin{cases} A = 3.4 = 12 \\ B = 6.4 = 24 \end{cases}$$

$$Fase3:\begin{cases} A = 3.6 = 18 \\ B = 4.6 = 24 \end{cases}$$

Logo, as participações, após um ano, serão: A = 8 + 12 + 18 = 38 cotas e B = 12 + 24 + 24 = 60 cotas. Logo, teremos:

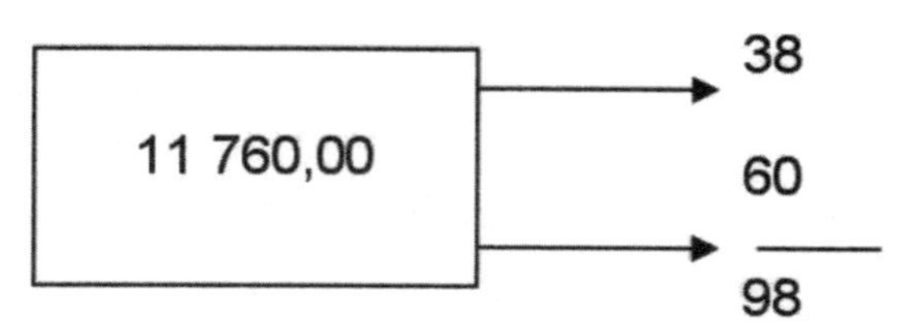

Valor de cada cota = 11 760,00 : 98 = 120,00

Parte do sócio A, no lucro = 38 x 120,00 = **4560,00**

"Na prosperidade, nossos amigos conhecem-nos; na adversidade, conhecemos os nossos amigos".

Juoh Churton Collins

ATIVIDADE 14. UM RESGATE HISTÓRICO: ALGUNS MATEMÁTICOS E SEUS TEOREMAS DE GEOMETRIA

Infelizmente a Geometria anda, na atualidade, bastante ausente das salas de aula e, quando está, aparece de uma forma superficial, mecânica e limitada ao estudo de algumas fórmulas, saídas sabe-se lá de onde e com qual finalidade. Os motivos são os mais diversos possíveis, passando pela formação de professores, reformas curriculares, livros didáticos e já se tem escrito bastante sobre isso. Nosso objetivo é dar uma pequena contribuição, registrando fatos históricos e teoremas importantes, que não têm mais aparecido na grande maioria dos livros didáticos para a Educação Básica. No presente estudo, nos prenderemos a propriedades referentes à Geometria Plana.

A. Heron de Alexandria e a área de um triângulo qualquer.

Normalmente um aluno aprende que a área de um triângulo é igual ao semiproduto da base, pela altura correspondente. E esse noção já lhe é passada desde a quarta série do Ensino Fundamental. E quando não se conhece o valor da altura? E quando só conhecemos as medidas dos três lados do triângulo? Para tais situações existe a importante fórmula denominada de "Fórmula de Heron", que permite o cálculo da área de um triângulo, conhecidos os seus lados.

O que tem ocorrido, ultimamente é que tal fórmula não aparece mais nos livros didáticos da Educação Básica, ou quando aparece, vem apenas a fórmula, sem maiores detalhes históricos ou sem uma de suas muitas demonstrações. O que pretendemos neste tópico é apresentar um pouco sobre a vida e a obra de Heron de Alexandria, a fórmula por ele determinada para o cálculo da área de um triângulo qualquer, em função das medidas de seus lados.

Heron de Alexandria

Heron (ou **Hero**) **de Alexandria** (10 d.C – 70 d.C) foi um sábio do começo da era cristã. Geômetra e engenheiro grego, e especialmente conhecido pela fórmula, que leva o seu nome, para o cálcuo da área de um triângulo, em função das medidas de seus lados. Seu trabalho mais importante no campo da geometria, *Metrica*, permaneceu desaparecido até 1896. Ficou conhecido por inventar um mecanismo para provar a pressão do ar sobre os corpos, que ficou para a história como o primeiro motor a vapor documentado, a **aeolípila**. (fonte: http://pt.wikipedia.org – Wikipédia, a Enciclopédia livre).

Na **aeolípila**, o vapor produzido na caldeira em contato com a chama passa para a esfera móvel e escapa para a atmosfera através de dois tubos recurvados. O torque dado pela reação dos vapores que escapam faz girar o globo todo. Provavelmente, a construção dessa máquina não estava vinculada a um mecanismo específico e sim à curiosidade científica de Heron.

Há vários outros dispositivos baseados nessa ideia, alguns postos como simples 'brinquedos' para demonstrações científicas, outros com propósitos práticos.

Um exemplo de aplicação da ideia de Heron com a aeolípila é o automóvel a vapor, supostamente inventado por Newton.

Fonte: http://www.feiradeciencias.com.br

Na matemática, Heron também deixou importantes estudos e aplicações, como exemplo, temos um estudo que fez, na área de trigonometria, com a demonstração através do cálculo de ângulos, de como cavar um túnel numa montanha começando ao mesmo tempo de ambos os lados, de modo a se encontrarem no meio.

Uma curiosidade:

O belíssimo **Colosso de Memnon**, no **Egito**, atraiu milhares de peregrinos a **Tebas** nos primeiros séculos da Era Cristã. Os visitantes ficavam impressionados com as **"vozes"** que emanavam de uma das duas enormes estátuas de **arenito** e acreditavam que os sons fluíam por intervenção divina.

No **século XIV a.C.** as duas estátuas do **Faraó Amenofis III**, com quase **22 m de altura**, foram erigidas diante de um templo às margens do **Rio Nilo**. No ano **27 a.C.** um terremoto provocou grandes rachaduras mas, em **196 d.C.** foi providenciada uma restauração.

Conquanto o enigma das "vozes", também descritas como o som do "rompimento de uma corda de lira", nunca tenha sido explicado, **Massimo Pettorino** e **Antonella Giannini**, do **Instituto Universitario Orientale**, de **Nápoles**, **Itália**, autores do livro ***Talking Heads*** (1999), acreditam que o efeito foi criado **Heron de Alexandria.**

Os cientistas sugeriram que Heron elaborou um sistema secreto para dar voz a estátua, que era baseado num recipiente com água que era colocado sobre o joelho esquerdo do monumento. O vento, canalizado por um pequeno orifício, ajudaria a gerar o efeito sonoro.

A Fórmula de Heron, para o cálculo da área de um triângulo

Seja um triângulo ABC, de lados a, b, c, como indicados na figura. A área desse triângulo pode ser calculada pela fórmula:

$$S=\sqrt{p(p-a)(p-b)(p-c)}$$

Onde p é o semiperímetro do triângulo, ou seja $p=\frac{1}{2}(a+b+c)$. .

Vejamos duas demonstrações dessa fórmula:

a. Aplicando a Lei dos cossenos

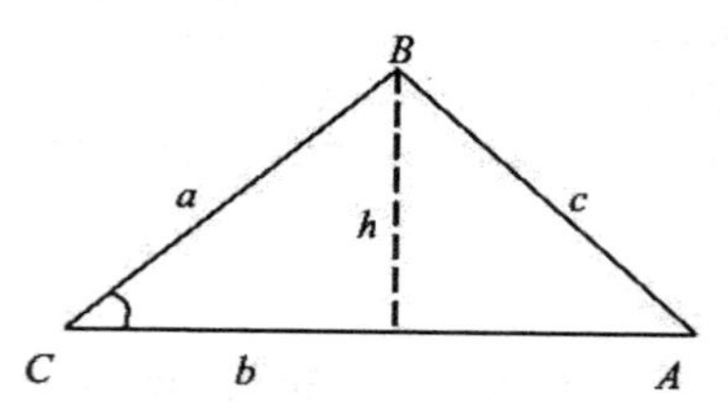

Sabemos que a área do triângulo acima pode ser dada por $S = \frac{1}{2}bh$. Da trigonometria, sabemos também que $sen C = \frac{h}{a}$. Dessa forma, tirando que h = a. sen $\hat{C}$, temos que $S = \frac{1}{2}ab\, sen\, \hat{C}$ (I).

Pela lei dos cossenos, sabemos que $c^2 = a^2 + b^2 - 2ab.\cos \hat{C}$ (II)

Da expressão I, temos que 2S = ab sen$\hat{C}$. Elevando ambos os membros dessa igualdade ao quadrado, teremos:

$$4S^2 = a^2b^2sen^2\hat{C} = a^2b^2(1 - \cos^2\hat{C}) = ab(1 - \cos\hat{C}).ab(1 + \cos\hat{C})$$
$$= (ab - ab\cos\hat{C})(ab + ab\cos\hat{C})$$

Multiplicando este último resultado por 4, obtemos:

$$16S^2 = 4\,(ab - ab\cos\hat{C})\,.\,(ab + ab\cos\hat{C}) = (2ab - 2ab\cos\hat{C})(2ab + 2ab\cos\hat{C})$$

Partindo agora da expressão $16S^2 = (2ab - 2ab\cos\hat{C})(2ab + 2ab\cos\hat{C})$ e, completando convenientemente os quadrados, para que possamos aplicar a lei dos cossenos (II), teremos:

$$16S^2 = \left[-a^2 - b^2 + 2ab + \underbrace{a^2 + b^2 - 2ab.\cos\hat{C}}_{c^2}\right]\left[a^2 + b^2 + 2ab - \underbrace{a^2 - b^2 - 2ab.\cos\hat{C}}_{-c^2}\right] =$$

$$= \left[-(a-b)^2 + c^2\right]\left[(a+b)^2 - c^2\right] = \left[c^2 - (a-b)^2\right] = \left[c^2 - (a-b)^2\right]\left[(a+b)^2 - c^2\right]$$

fatorando as diferenças de quadrados, podemos escrever:

$16S^2 = (c + a - b)(c - a + b)(a + b + c)(a + b - c)$

$= (a + b + c)(-a + b + c)(a - b + c)(a + b - c)$

onde, dividindo por 16:

$$S^2 = \frac{1}{2}(a+b+c)\frac{1}{2}(a+b+c-2a)\frac{1}{2}(a+b+c-2b)\frac{1}{2}(a+b+c-2c)$$

Portanto:

$$S^2 = \frac{1}{2}(a+b+c)\left[\frac{1}{2}(a+b+c) - a\right]\left[\frac{1}{2}(a+b+c) - b\right]\left[\frac{1}{2}(a+b+c) - c\right]$$

Substituindo o semiperímetro $p = \frac{1}{2}(a+b+c)$ concluímos que:

$S = \sqrt{p(p-a)(p-b)(p-c)}$, a conhecida fórmula de Heron.

b. Através do cálculo da altura correspondente:

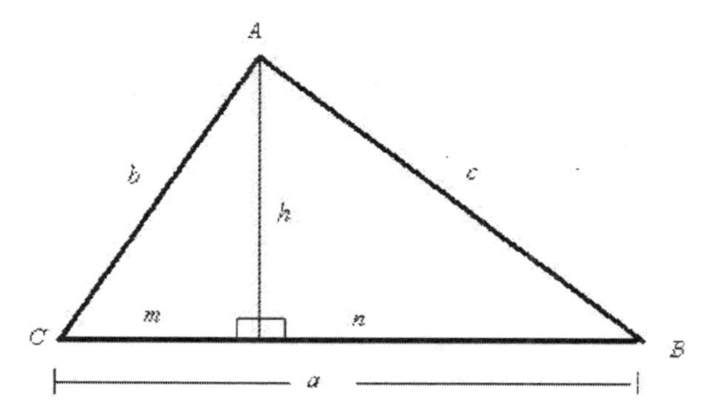

Primeiramente vamos calcular a altura h, referente ao lado a, do triângulo qualquer ABC.

(I) Sabemos que $b^2 = h^2 + m^2$ (Teorema de Pitágoras em AHC).

(II) Isso acarreta que $h^2 = b^2 - m^2$

Por outro lado, temos que m = b . cos C e, aplicando a Lei dos cossenos no triângulo ABC, temos que $c^2 = a^2 + b^2 - 2ab \cdot \cos\hat{C} = a^2 + b^2 - 2a.m$

Isto acarretará que $m = \dfrac{a^2 + b^2 - c^2}{2a} (III)$. Substituindo agora a expressão III

na expressão II, teremos:

$h^2 = b^2 - \left[\dfrac{(a^2 + b^2 - c^2)}{2a}\right]$ ou $4a^2h^2 = 4a^2b^2 - (a^2 + b^2 - c^2)$

Ou ainda, fatorando a expressão obtida (diferença de dois quadrados), teremos:

$$4a^2h^2 = [2ab - (a^2 + b^2 - c^2)].[2ab + (a^2 + b^2 - c^2)] = (2ab - a^2 - b^2 + c^2).(2ab + a^2 + b^2 - c^2)$$

ou, fatorando mais um pouco, teremos:

$$4a^2h^2 = [c^2 - (a^2 - b^2)].[(a^2 + b^2) - c^2] = (c + b - a).(c + a - b).(a + b + c).(a + b - c)$$

Mas, sabemos que a + b + c = 2 p (perímetro), logo:

$$4a^2h^2 = (2p - 2a).(2p - 2b).2p.(2p - 2c) = 16.p.(p - a)(p - b).(p - c)$$

Da expressão obtida, tiramos que:

$$h^2 = \frac{16.p.(p-a).(p-b).(p-c)}{4a^2} = \frac{4.p.(p-a).(p-b).(p-c)}{a^2}$$

$$Logo, h = \frac{2.\sqrt{p.(p-a).(p-b).(p-c)}}{a}$$

Mas, como a altura que calculamos é relativa ao lado a, e sabemos que a área do triângulo é dada por

$$S=\frac{a.h}{2}=\frac{a.2.\sqrt{p.(p-a).(p-b).(p-c)}}{2a}=\sqrt{p.(p-a).(p-b).(p-c)}$$

Que é a fórmula de Heron.

É claro que existem diversas outras formas de demonstrarmos essa fórmula, incluindo a que supõe ter sido a de Heron, usando o círculo inscrito nesse triângulo.

B. Brahmagupta e a área de um quadrilátero cíclico

Brahmagupta nasceu no ano de 598. Foi um matemático e astrônomo da Índia Central que demonstrou a solução geral para a equação do segundo grau em números inteiros (as diofantinas) e desenvolveu métodos algébricos gerais para aplicação na Astronomia, em sua principal obra, *Brahmasphutasidanta* (650).

Em seu livro, *Brahmasphutasidanta*, eleva o zero à categoria de número (*sa-mkhya*) dos números, definindo as primeiras regras operatórias com o zero.

Entre suas descobertas está a generalização natural da fórmula de Heron para os quadriláteros cíclicos (inscritíveis), tão importante, que é considerada como a mais notável descoberta da geometria hindu.

Escreveu um livro em versos sobre Astronomia, com dois capítulos sobre as matemáticas: progressão aritmética (com a qual encontrou a soma da série dos números naturais), equações do 2º grau e geometria (com a qual encontrou as áreas de triângulos, quadriláteros e círculos, bem como volumes e superfícies laterais de pirâmides e cones).

Fórmula de Brahmagupta para o cálculo da área de um quadrilátero cíclico

Um quadrilátero é dito cíclico quando seus quatro vértices são pontos de uma mesma circunferência, ou seja, quando esse quadrilátero é inscritível num círculo.

É importante lembrar que os ângulos opostos de um quadrilátero inscritível são suplementares (somam 180º). Reciprocamente, se os ângulos opostos de um quadrilátero são suplementares, então esse quadrilátero é inscritível (cíclico).

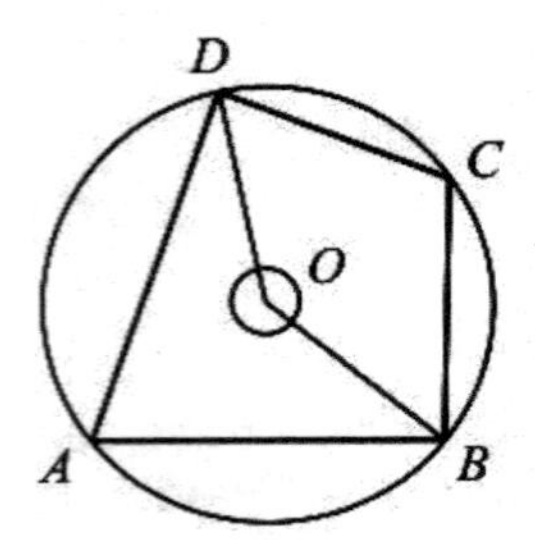

A área do quadrilátero cíclico, de lados **a, b, c, d** pode ser calculada através da fórmula: $S = \sqrt{p.(p-a).(p-b).(p-c).(p-d)}$ onde p é o semiperímetro do quadrilátero.

Demonstração:

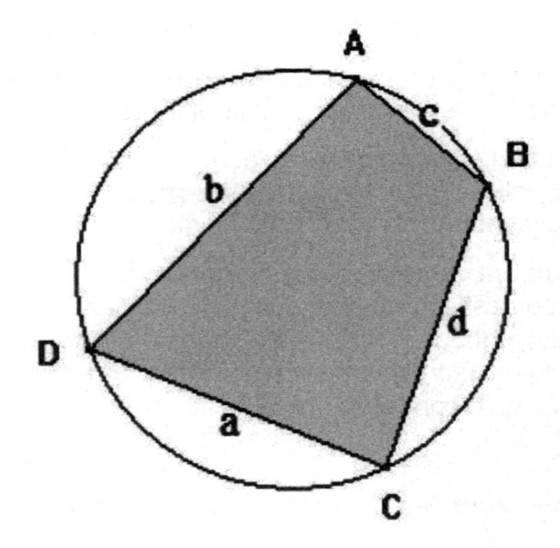

Temos que a área desse quadrilátero é igual à soma das áreas dos triângulos ADB e BDC. Logo essa área será igual a: $S = \frac{1}{2}\text{b.csenA} + \frac{1}{2}\text{a.dsenC}$

Por outro lado, como o quadrilátero é inscritível, os ângulos A e C serão suplementares e, é claro, terão senos iguais, logo, teremos:

$S = \frac{1}{2}\text{b.csenA} + \frac{1}{2}\text{a.dsenA} = \frac{1}{2}\text{senA.}(\text{bc} + \text{ad})$ ou, elevando ao quadrado,

$$S^2 = \frac{1}{4} sen^2 A.(bc + ad) ou$$

$$4S^2 = (1 - \cos^2 A).(bc + ad)^2$$

$$4S^2 = (bc + ad)^2 - \cos^2 A.(bc + ad)^2 (I)$$

Aplicando agora a Lei dos cossenos nos triângulos ADB e BDC, e igualando as expressões obtidas para o lado comum (BD), teremos:

$$b^2 + c^2 - 2bc \cos A = a^2 + d^2 - 2ad \cos C$$

Como cos C = - cos A (A e C são ângulos suplementares), substituindo na última expressão obtida, teremos:

$$b^2 + c^2 - 2bc \cos A = a^2 + d^2 - 2ad \cos A$$

$$2 \cos A\ (ad + bc) = a^2 + d^2 - b^2 - c^2$$

Substituindo agora na equação I, da área do triângulo, teremos:

$$4S^2 = (bc + ad)2 - cos2A.(bc + ad)^2 \ ou$$

$$4S^2 = (bc + ad)2 - (a2 + d2 - b2 - c2)^2$$

$$16S^2 = 4(bc + ad)2 - (a^2 + d^2 - b^2 - c^2)^2$$

Podemos ainda fatorar a expressão que aparece no segundo termo da igualdade acima, como uma diferença de dois quadrados, em seguida, substituir 2p por a + b + c + d. Teremos assim:

$$16S^2 = [2(bc + ad) + a^2 + d^2 - b^2 - c^2].[2(bc + ad) - a^2 - d^2 + b^2 + c^2]$$

$$16S^2 = [(a + d)^2 - (b + c)^2].[(b + c)^2 - (a + d)^2]$$

$$16S^2 = (a + b + d - c).\ (a + c + d - b)\ .\ (b + c + a - d).\ (b + c + d - a)$$

Como 2p = a + b + c + d, teremos ainda:

$$16S^2 = (2p - 2c) . (2p - 2b) . (2p - 2d). (2p - 2a)$$
$$16S^2 = 16 (p - a).(p - b).(p - c).(p - d)$$

Finalizando, temos a formula de Brahmagupta para o cálculo da área de um quadrilátero inscritível, em função de seus lados:

$$S = \sqrt{p.(p-a).(p-b).(p-c).(p-d)}$$

Concluindo, verificamos que a expressão obtida é bastante similar a de Heron, para o cálculo da área de qualquer triângulo, sendo que agora, a de Brahmagupta, está restrita a quadriláteros cíclicos ou inscritíveis à uma circunferência.

C. Pitot e os quadriláteros circunscritíveis

Henri de Pitot

(1695 – 1771)

Engenheiro francês, especialista em hidráulica, construção de aquedutos como o que projetou e construiu em Montpelier (1760), canais abertos, etc. A partir dos doze anos tornou-se um incansável estudante de matemática e de ciências físicas, em Paris. Tornou-se membro da Royal Society of London e da Académie des Sciences, onde publicou vários trabalhos sobre hidráulica, geodésia, astronomia, matemática, saneamento, etc. Inventou o famoso *tubo de Pitot* (1730), instrumento para determinação da velocidade de escoamento de um fluido através da diferença de pressões estática e dinâmica no ponto.

Fonte: http://www.sobiografias.hpg.ig.com.br/

Teorema de Pitot

Em todo quadrilátero circunscritível, a soma de dois de seus lados opostos é igual à soma dos outros dois lados. Isto significa que, sendo ABCD um quadrilátero cincusncritível, teremos: AB + CD = AD + BC.

De fato, Sejam M, N, P e Q os pontos de tangência dos lados AB, BC, CD e DA, como na figura abaixo. Assim, da propriedade: ***"Segmentos tangentes a uma circunferência conduzidos por um ponto externo desta são congruentes",*** resulta:

AB + CD = AM + BM + CP + DP, como AM = AQ; BM = BN; CN = CP e DP = DQ,

AB + CD = AQ + BN + CN + DQ

= (AQ+ DQ) + (BN + CN)

= AD + BC

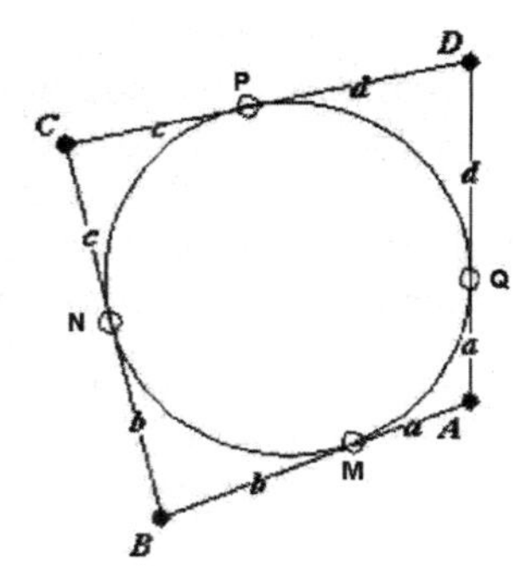

D. Hiparco e Ptolomeu e o teorema dos quadriláteros inscritíveis

Neste tópico de nosso trabalho, falaremos sobre dois grandes cientistas da antiguidade: Hiparco e Ptolomeu. Temos um importante teorema, que envolve os comprimentos das diagonais de quadriláteros convexos inscritíveis (cíclicos). Adotamos a postura de mostrar no mesmo tópico as suas biografias, já que é muito comum atribuir-se o referido teorema a Hiparco ou a Ptolomeu. O que sabemos é que muito pouco se soube sobre a vida de Hiparco e que muito do que se sabe de suas descobertas deve-se aos escritos de Ptolomeu. Provavelmente daí segue a dúvida sobre a real paternidade desse teorema.

Vamos adotar a estratégia de chamar o teorema de Hiparco / Ptolomeu.

Hiparco de Nicéia

Hiparco

(190 a.C. - 120 a.C.)

Da vida de Hiparco sabe-se apenas que nasceu em Nicéia, em data desconhecida, e que trabalhou em Alexandria e Rodes. Nem mesmo o local em que existiu o observatório fundado por ele, em Rodes, pôde ser estabelecido; mas sabe-se com certeza que desenvolveu ali importantes atividades de 128 a 127 a.C. Hiparco foi astrônomo, construtor, cartógrafo e matemático.

Ele usou e introduziu na Grécia a divisão da circunferência em 360º, influência dos babilônicos, ao invés da divisão grega em 60 graus. Estudou também as funções trigonométricas, sendo por alguns considerado o criador da trigonometria.

O que se conhece sobre Hiparco deriva, quase sempre, das obras de outros autores. Há numerosas referências a Hiparco *no Almagesto,* obra em que Ptolomeu reuniu o conhecimento enciclopédico da época. Há citações de muitas descobertas e generosos elogios à diligência científica de Hiparco. É principalmente através dessa obra famosa de Cláudio Ptolomeu que se puderam reconstituir partes do pensamento e das descobertas de Hiparco.

Em seus estudos dos fenômenos astronômicos, contrariando crenças e preconceitos existentes à sua época, Hiparco começou a desvendar um novo campo da matemática, a trigonometria.

Ptolomeu

Ptolomeu (90 – 169 d.C)

Claudio Ptolomeu (90 -169 d.C) viveu parte de sua vida em Alexandria, no Egito. Ao que se sabe, seu nome deriva da cidade onde se julga ter nascido, *Ptolemaida*, também no Egito. Foi matemático, geógrafo e astrônomo e saiu--se bem nas três áreas.

Em sua principal obra, Almagesto, fez uma síntese das ideias dos astrônomos gregos da Antiguidade. Catalogou 1022 estrelas, das quais 172 descobertas por ele próprio, e inventou o astrolábio, um instrumento para medir a altura de um astro acima do horizonte. Mas foi por sua ideia equivocada sobre o centro do universo que o pensador ficou eternamente conhecido. Para Ptolomeu, a Terra ocupava essa posição privilegiada, com as estrelas e os planetas girando ao seu redor. Era a teoria geocêntrica, conceito que predominou durante quase 1400 anos. Foi somente com Nicolau Copérnico (1473-1543), astrônomo polonês, que surgiu uma nova teoria, mais próxima da realidade: a heliocêntrica. O Sol passava a ser considerado centro do universo, com a Terra e os planetas girando ao seu redor. Foi a primeira concepção de sistema solar de que se tem notícia. Para chegar a ela, Copérnico retomou ideias de outro pensador grego, Aristarco de Samos (310 a.C.-230 a.C.), que, curiosamente, viveu 400 anos antes de Ptolomeu.

Ptolomeu morreu em Alexandria e vários de seus escritos chegaram aos nossos dias, entre elas a mais influente e significativa obra de trigonometria e uma síntese de todo o conhecimento de astronomia da Antigüidade, *He mathematike syntaxis* (A coleção matemática), em treze livros, editada por volta de 150 da era cristã, obra comparável ao *Os Elementos* de Euclides, em importância para a matemática. Na versão árabe ganhou o nome de *Almagesto* (o maior).

Deve-se a este cientista a definição do sistema sexagesimal na subdivisão dos ângulos em *minutos* (*partes minutae primae*) e *segundos* (*partes minutae secundae*)

Fontes:

Nova Escola – agosto de 1997 / http://www.educ.fc.ul.pt/docentes/opombo/hfe/momentos/museu/astronomia.htm

http://www.sobiografias.hpg.com.br

Teorema de Hiparco/Ptolomeu

Se *ABCD* é um **quadrilátero convexo inscritível** em uma circunferência (cíclico), então o produto dos comprimentos das diagonais é igual à soma dos produtos dos comprimentos dos lados opostos. Em outras palavras,

$$AC.BD = AB.CD + AD.BC.$$

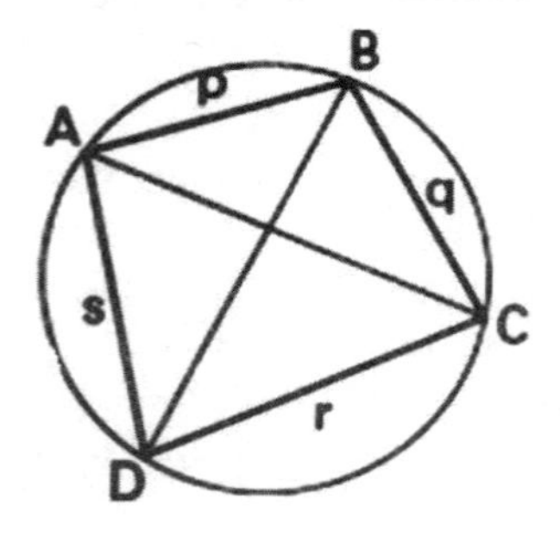

Demonstração:

Para a demonstração, usaremos um ponto auxiliar E, sobre DB, de tal modo que o ângulo DAE seja igual ao ângulo CAB.

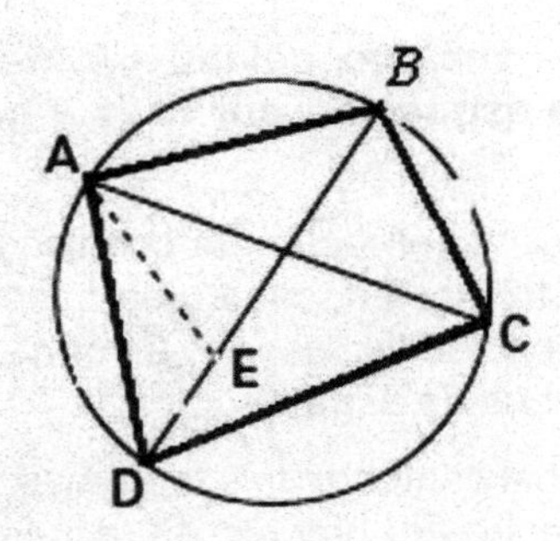

Dessa forma, podemos dizer que os triângulos DAE e CAB são semelhantes, pois os ângulos ADB e ACB são também iguais (inscritos num mesmo arco de circunferência). Da mesma forma, serão também semelhantes os triângulos ADC e AEB.

Da semelhança entre DAE e CAB, podemos tirar:

$$\left.\frac{AD}{AC}=\frac{ED}{BC}\right\} AD.BC = ED.AC_{(1)}$$

Da semelhança entre ADC e AEB, podemos tirar:

$$\left.\frac{CD}{BE}=\frac{AC}{AB}\right\} AB.CD = BE.AC_{(2)}$$

Somando, membro a membro, as igualdades 1 e 2, teremos:

AD . BC + AB . CD = ED.AC + BE.AC ou

AD . BC + AB . CD = (ED + BE). AC, da figura, temos que ED + BE = BD, logo:

AD . BC + AB . CD = BD . AC , o que demonstra o teorema.

E. Teoremas de Menelau e Ceva

Qual será a relação que existe entre dois teoremas sobre triângulos: o de Menelau, do século II da era cristã e o de Ceva, do século XVII?

"Em 1678, quando Giovanni Ceva publicou o seu belo teorema, também

ressuscitou um teorema análogo, devido a Menelau de Alexandria, que tinha sido virtualmente esquecido por toda a gente desde o primeiro século d.C."

Enquanto o teorema de Ceva fornece uma condição necessária e suficiente para a **concorrência de três retas**, cada uma passando pelo vértice de um triângulo, o teorema de Menelau diz respeito á **colinearidade de três pontos**, cada um sobre um dos lados de um triângulo.

Muita gente chega mesmo a confundir tais teoremas, já que a sua formatação é muito parecida, envolvendo um produto de razões dos segmentos de reta em que os lados de um triângulo são divididos. Destaca-se que, enquanto que o teorema de Menelau trata de COLINEARIDADE, o de CEVA diz respeito à CONCORRÊNCIA.

No que diz respeito às aplicações desses teoremas, qualquer deles permite demonstrar um conjunto de propriedades interessantes e inesperadas dos triângulos, entre as quais as que permitem o cálculo dos comprimentos das principais cevianas de um triângulo.

Menelau *de Alexandria*

(70 – 130 d.C)

Outro grego, astrônomo e geômetra nascido em Alexandria, Egito, que não só continuou os trabalhos de **Hiparco** em trigonometria, mas demonstrou interessantíssimo teorema, que leva o seu nome. Ardente defensor da *geometria clássica*, suas principais obras foram *Cordas em círculo*, em seis volumes, *Elementos de geometria*, com vários teoremas, e *Sphaera*, em três livros sobre esféricos e única delas preservada e numa versão árabe (100 d. C.).

O nome de Menelau foi conhecido através de **Pappus** e **Proclus**, pouco se sabe sobre sua vida, mas teve grande influência na evolução da trigonometria esférica e na astronomia. Morto em lugar incerto, talvez em Alexandria, também estudou sobre a aceleração da gravidade.

> *"Se queres viver muito, guarda um pouco de vinho velho e um velho amigo".*
>
> **Pitágoras**

Giovanni Ceva (1647– 1734)

Ceva foi educado em uma faculdade dos Jesuítas, em Milan, a seguir estudou na universidade de Pisa. Ensinou em Pisa antes de ser indicado professor da matemática na universidade de Mantua em 1686.

A maioria dos trabalhos e escritos de Ceva foram na área de Geometria, sua paixão. Foi Ceva que, pesquisando, redescobriu o teorema de Menalau e apresentou a variação dele, que recebeu o seu próprio nome.

Cabe ainda lembrar que o nome **CEVIANA**, que designa qualquer segmento de reta que parte do vértice de um triângulo ao lado oposto ou seu prolongamento, deriva de seu próprio nome.

Ceva ainda estudou aplicações da mecânica (estática) aos sistemas geométricos. Embora concluísse erradamente que os períodos de uma oscilação de dois pêndulos estavam na mesma relação que seus comprimentos, corrigiu mais tarde esse erro. Ceva ainda foi responsável por alguns dos primeiros trabalhos na área de matemática financeira, tentando equacionar e equilibrar o sistema monetário de Mantua. Usou ainda seus conhecimentos de hidráulica para projetar, com sucesso, uma forma de desviar o rio Reno do rio Pó.

O Teorema de Menelau

Se uma transversal qualquer, intercepta os três lados de um triângulo ABC, nos pontos M (sobre a reta que contém AB) E (sobre a reta que contém BC) e N (sobre a reta que contém AC), então, se: , $\frac{AM}{MB}.\frac{BE}{EC}.\frac{NC}{NA}=1 \Leftrightarrow$ M, E e N, estão alinhados.

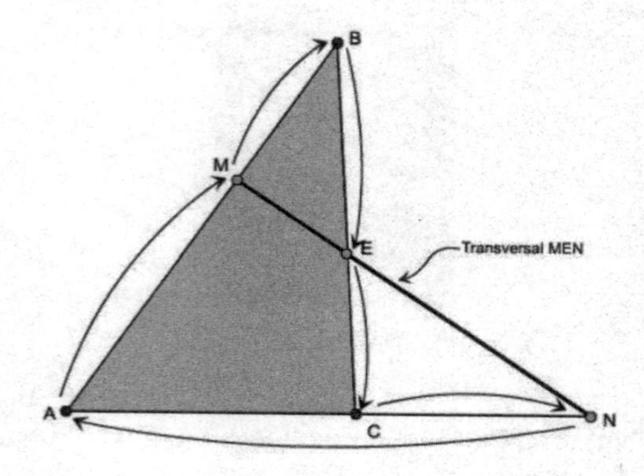

Prova

1. Para a demonstração, traçaremos CF, paralelo a AB, o que acarretará a semelhança dos triângulos AMN e CFN.

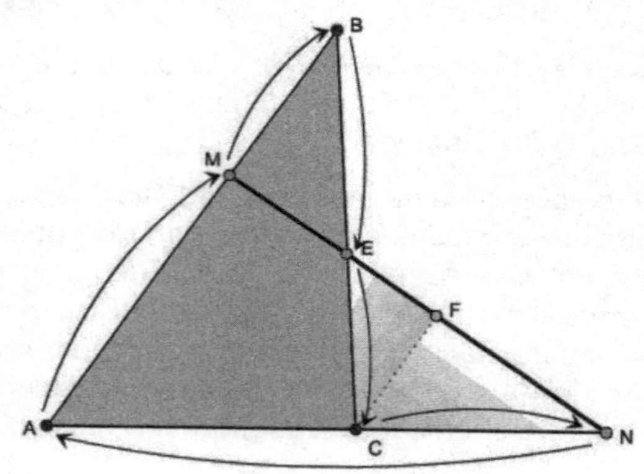

2. Da semelhança indicada anteriormente, temos: $\frac{AM}{CF}.\frac{NA}{NC}$

3. Também temos a semelhança dos triângulos BEM e CEF e, dessa nova semelhança, tiramos que:

$$\frac{BE}{EC}.\frac{MB}{CF}$$

3.1.Multiplicando, membro a membro, as duas igualdades obtidas, teremos:

4. $$\frac{AM}{CF}.\frac{BE}{EC}=\frac{NA}{NC}.\frac{MB}{CF}$$

5. Multiplicando agora, ambos os termos da nova igualdade, por $\frac{NC}{NA}.\frac{CF}{MB}$, teremos:

6. $$\frac{AM}{CF}.\frac{BE}{EC}.\left(\frac{NC}{NA}.\frac{CF}{MB}\right)=\frac{NA}{NC}.\frac{MB}{CF}.\left(\frac{NC}{NA}.\frac{CF}{MB}\right)$$

Conclusão:

$\frac{AM}{CF}.\frac{BE}{EC}.\frac{NA}{NA}=1$ que demonstra o teorema de Menelau.

Teorema de Ceva

Podemos, de forma resumida, dizer que o teorema de Ceva é uma variação do de Menelau, substituindo-se pontos por retas e vice-versa, ou seja:

Se três pontos sobre os lados de um triângulo ABC (D, sobre BC; E, sobre AC E F, sobre AB) e são tais que as cevianas definidas por eles e pelo vértice oposto são concorrentes em P, então:, $\frac{AF}{FB}.\frac{BD}{DC}.\frac{CE}{EA}=1, \Leftrightarrow$ AD, BE e CD são concorrentes.

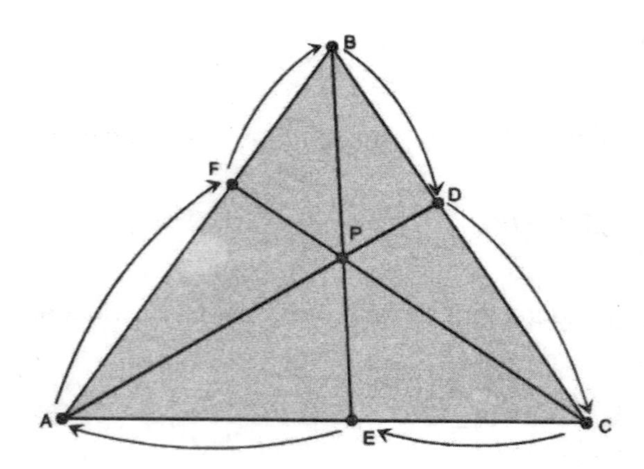

Faremos a demonstração a partir do teorema de Menelau (que deve ter sido o que Ceva fez)

1. Considerando o triângulo ABE e a transversal FPC, teremos, de acordo com Menelau:

$$\frac{AF}{FB}.\frac{BP}{PE}.\frac{EC}{CA}=1$$

2. Considerando agora o triângulo BCE e a transversal DPA, teremos, por Menelau:

$$\frac{BD}{DC}.\frac{CA}{AE}.\frac{EP}{PB}=1$$

3. Multiplicando-se agora, membro a membro, as duas igualdades obtidas, teremos:

$\frac{AF}{FB}.\frac{BP}{PE}.\frac{EC}{CA}.\frac{BD}{DC}.\frac{CA}{AE}.\frac{EP}{PB}=1$, ou seja:

$\frac{AF}{FB}.\frac{BD}{DC}.\frac{CE}{EA}=1$ o que prova o teorema.

Aplicações:

1. O lado *AB* de um quadrado é prolongado até *P* tal que *BP* = 2*AB*. Com *M*, ponto médio de *DC*, *BM* é desenhado cortando *AC* em *Q*. *PQ* corta *BC* em *R*. Encontre a razão *CR*/*RB*.

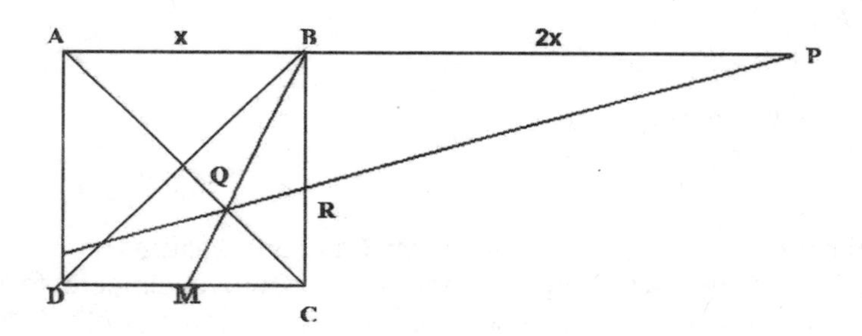

Na figura acima, traçamos o quadrado ABCD, o prolongamento BP, de acordo com os dados do problema, o ponto médio M, do lado CD, os segmentos BM e AC, que se interceptaram em Q, o segmento PQ, que determinou o ponto R sobre o lado BC e, traçamos também a outra diagonal do quadrado, BD, que nos mostra que o ponto Q é o baricentro do triângulo BCD.

Sabemos também que o segmento CQ tem comprimento igual a 2/3 da mediana correspondente (propriedade do baricentro), que é a metade da diagonal AC, logo, teremos: $CQ=\frac{2}{3}.\frac{1}{2}.AC=\frac{AC}{3}$. Logo, AC = 3 CQ e AQ = 2CQ.

Aplicando agora o teorema de Menelau no triângulo ABC, considerando a transversal AP, teremos:

$$\frac{AQ}{QC}.\frac{CR}{RB}.\frac{BP}{PA}=1$$

$$2.\frac{CR}{RB}.\frac{2x}{3x}=1$$

$$\frac{4}{3}.\frac{CR}{RB}=1$$

$$\frac{CR}{RB}=\frac{3}{4}(resposta)$$

2. Sempre estudamos que o ponto de encontro das 3 alturas de um triângulo é o **ORTOCENTRO**. O que não aprendemos, provavelmente, foi deduzir que as alturas realmente se interceptam num mesmo ponto. O teorema de Ceva pode demonstrar essa e outras questões de concorrência de segmentos num mesmo ponto. Vejamos como se prova que as alturas de um triângulo são realmente concorrentes.

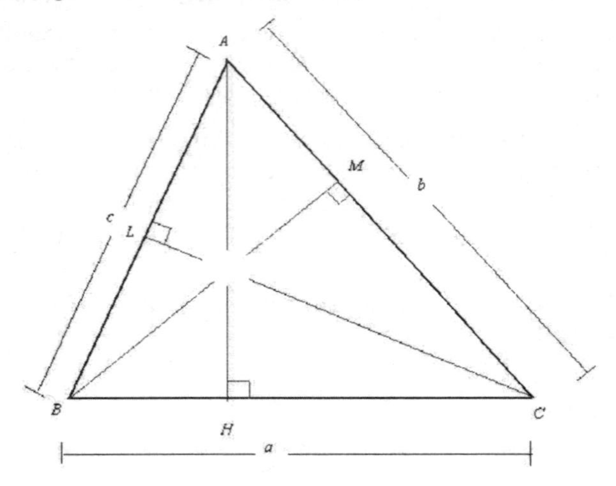

De acordo com o teorema de Ceva, se as três cevianas (que são as alturas) forem concorrentes deverão atender à condição:

$$\frac{BL}{LA}.\frac{AM}{MC}.\frac{CH}{HB}=1_{(I)}$$

No triângulo retângulo BLC, temos:

$\cos B = \dfrac{BL}{a}$, logo, BL = a.cos B

No triângulo retângulo ALC, temos:

$\cos A = \dfrac{AL}{b}$, logo, AL = a.cos A

No triângulo retângulo AMB, temos:

$\cos A = \dfrac{AM}{c}$, logo, AM = c.cos A

No triângulo retângulo BMC, temos:

$\cos C = \dfrac{CM}{a}$, logo, CM = a.cos C

No triângulo retângulo ACH, temos:

$\cos C = \dfrac{CH}{b}$, logo, CH = b.cos C

No triângulo retângulo ABH, temos:

$\cos B = \dfrac{BH}{c}$, logo, BH = c.cos B

Substituindo todos os valores desses segmentos, na relação (I), teremos:

$\dfrac{a\cos B}{b\cos A}.\dfrac{c.\cos A}{a\cos C}.\dfrac{b\cos C}{c\cos B} = 1,$, logo, como o teorema de Ceva se compro

vou, está provada a concorrência das alturas de um triângulo.

F. Stewart e as Cevianas de um Triângulo

(Matthew Stewart – 1717 – 1785)

Stewart foi um matemático escocês, nascido em Rothesay e falecido em Edimburgo. Foi o sucessor de Maclaurin na sua cadeira da Universidade de Edimburgo. Seu trabalho mais importante, foi publicado em 1746 e recebeu o nome de Teoremas Gerais.

Inicialmente era estudante de gramática, mas com a influência do geômetra escocês Simson, acabou pendendo também para a matemática. Além da geometria, complementou diversos estudos astronômicos de Kepler, através de métodos geométricos e cálculos envolvendo cônicas.

Foi condecorado na Escócia, como professor honorário e, junto com Simson, considerado de grande importância nas descobertas da geometria.

O Teorema de Stewart

O teorema de Stewart, é ainda relativo ao cálculo dos elementos lineares de um triângulo qualquer. Envolve o conceito de **CEVIANA** de um triângulo, que lembraremos a seguir:

Denomina-se **CEVIANA** de um triângulo a qualquer segmento de reta que tenha uma das extremidades num dos vértices do triângulo e a outra extremidade num dos pontos do lado oposto, ou de seu prolongamento. As cevianas notáveis de um triângulo são: as medianas, as alturas, as bissetrizes interna e externa.

O teorema de Stewart fornece uma informação importante que pode ser muito útil na determinação dos comprimentos das cevianas de um triângulo (notáveis ou não).

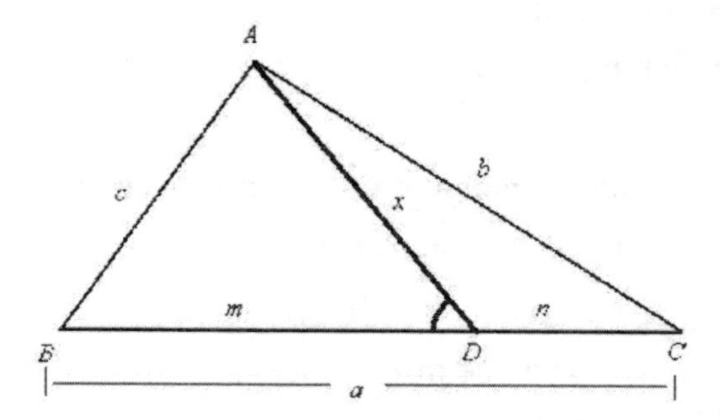

"Seja um triângulo ABC, de lados ***a, b, c*** *e seja* ***x*** *o comprimento de uma ceviana AD qualquer, que divide o lado BC em dois segmentos* ***m*** *e* ***n****.". Entre os lados do triângulo, o comprimento da ceviana e os segmentos que ela define sobre um dos lados do triângulo, vale a seguinte relação:*

$$x^2.a + m.n.a = b^2.m + c^2.\ n$$

Demonstração:

A demonstração do Teorema de Stewart é decorrente da aplicação da Lei dos cossenos.

1. aplicando a lei dos cossenos no triângulo ABD, teremos:

   $c^2 = x^2 + m^2 - 2.x.m.\cos \alpha$

2. aplicando agora a lei dos cossenos no triângulo ADC, teremos:

   $b^2 = x^2 + n^2 - 2.x.n.\cos (180^o - \alpha)$

   Lembrando que cos (180º - a) = - cos a, a expressão acima se transforma em:

   $b^2 = x^2 + n^2 + 2.x.n.\cos \alpha$

   Usando um artifício algébrico de multiplicar a expressão 1 por **n** e a expressão 2 por m, teremos:

$c^2 n = x^2n + m^2n - 2.x.m.n.\cos\alpha$

$b^2 m = x^2m + n^2m + 2.x.m.n.\cos\alpha$

Somando, membro a membro as igualdades obtidas, teremos:

$b^2m + c^2n = x^2 (m + n) + mn(m + n)$

Mas, da figura, temos que $m + n = a$, logo: $b^2m + c^2n = x^2 a + mna$, o que demonstra o teorema.

Aplicação:

Determinação da fórmula para o cálculo do comprimento de uma das medianas de um triângulo.

Faremos a determinação da expressão para o cálculo da mediana relativa ao lado **a (m_a)** de um triângulo qualquer, de lados **a, b, c.** Procedendo a um raciocínio análogo, a fórmula obtida poderá ser generalizada para as demais medianas.

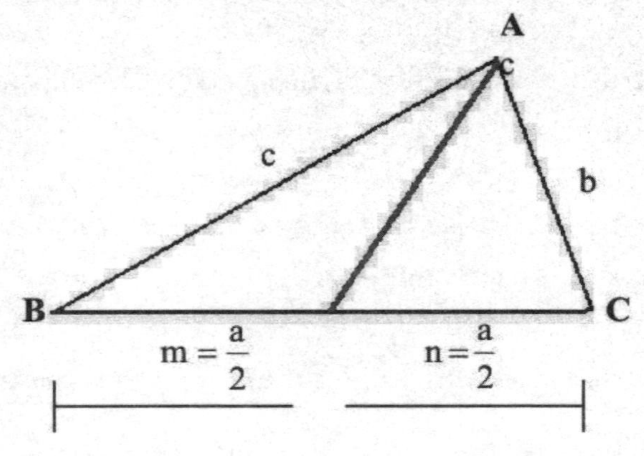

Como a mediana é uma das cevianas do triângulo, podemos aplicar o teorema de Stewart, sendo que nesse caso, os segmentos m e n terão comprimentos iguais à metade do lado a.

$x^2.a + m.n.a = b^2.m + c^2.n$ (Stewart)

$m_a^2.a+\frac{a}{2}.\frac{a}{2}.a=b^2.\frac{a}{2}+c^2.\frac{a}{2}$ dividindo todos os membros da igualdade por a:

$m_a^2.a+\frac{a^2}{4}=\frac{1}{2}\left(b^2+c^2\right)$ logo, teremos:

$m_a^2.=\frac{2\left(b^2+c^2\right)-a^2}{4}$. Extraindo a raiz quadrada, teremos:

$m_a=\frac{1}{2}.\sqrt{2\left(b^2+c^2\right)-a^2}$

Demonstração análoga nos daria as expressões para o cálculo das outras duas medianas de um triângulo qualquer e, teríamos:

$$m_b=\frac{1}{2}.\sqrt{2\left(b^2+c^2\right)-b^2}$$

$$m_c=\frac{1}{2}.\sqrt{2\left(a^2+b^2\right)-c^2}$$

ATIVIDADE 15. O CÓDIGO COM SEMÁFORAS E OS ÂNGULOS

Mostraremos agora um antigo código internacional para envio de mensagens, denominado de **semáfora**. Esse tipo de código era bastante usado na marinha e no escotismo. Nessa atividade que estamos propondo é importante observar o ângulo formado entre os braços e o corpo do emissor da mensagem.

O emissor, de um navio, por exemplo, mandava as mensagens usando bandeirolas coloridas em cada uma das mãos e o receptor, em outro local, decodificada a mensagem recebida.

Trabalhar esse tipo de código com nossos alunos pode ser uma importante oportunidade de explorar algumas noções matemática, relacionadas à Geometria, no Ensino Fundamental.

Veja o código:

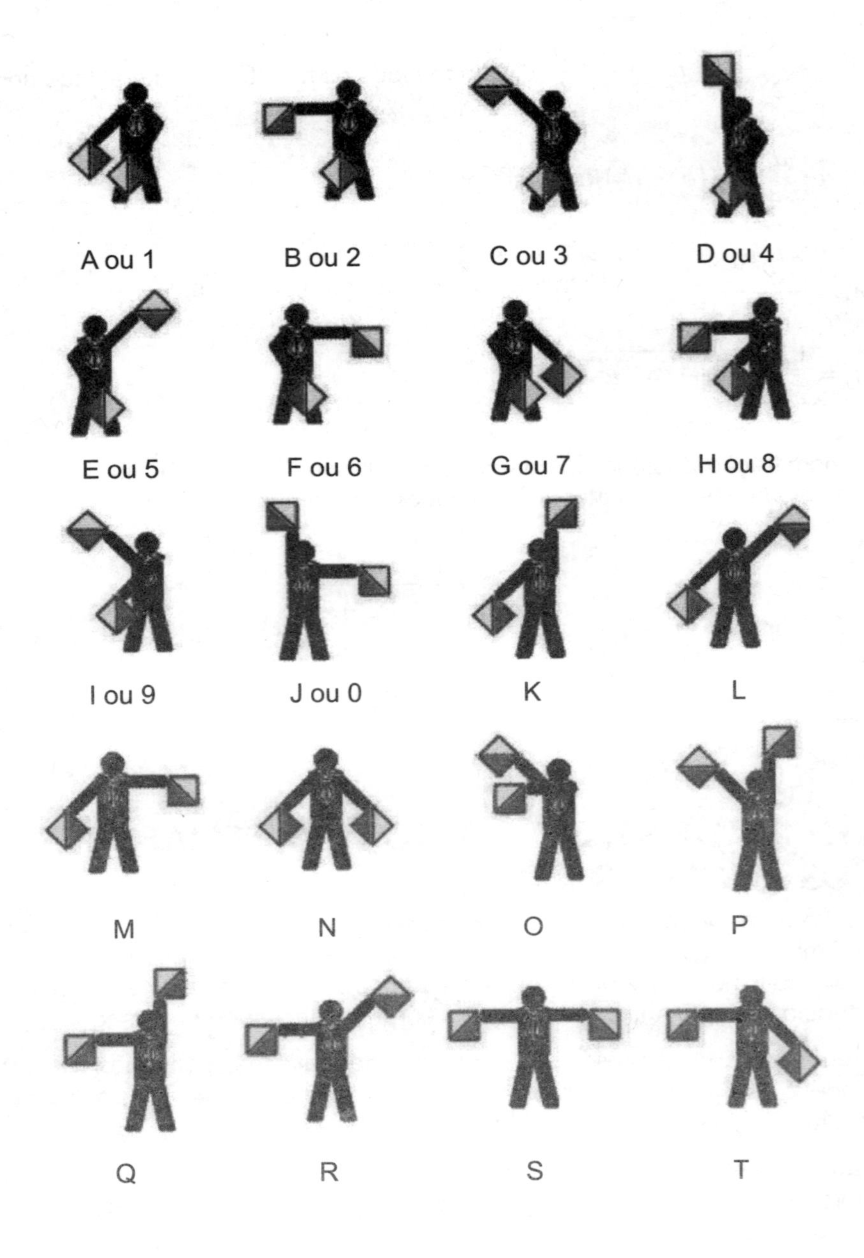
A ou 1
B ou 2
C ou 3
D ou 4
E ou 5
F ou 6
G ou 7
H ou 8
I ou 9
J ou 0
K
L
M
N
O
P
Q
R
S
T

Além do alfabeto, utilizam-se também alguns sinais de serviço:

Espaço – Para separar cada letra, durante a aprendizagem. Depois, só use para separar palavras.

Anulativo – Serve para cancelar a transmissão em progresso.

Numeral – Indica que os próximos sinais deverão ser tratados como numerais (A=1, B=2, C=3, etc. até o K=0). "Até que se faça o sinal de Alfabético".

Alfabético – Indica a finalização de uma série de números (iniciada com o sinal de "Numeral"). Note que é o mesmo sinal da letra J.

Exemplo de atividades que poderiam ser desenvolvidas em classe:

1. Desenhe a sequência correspondente à palavra **BRASILEIRO**.
2. Obtenha os ângulos (aproximados), formados pelos braços do emissor em cada uma das 26 letras representadas acima.
3. Quais das letras da semáfora representam um ângulo raso?
4. Desenhe a representação de seu nome, no código de semáfora.

SUGESTÃO: Que tal você "inventar" várias atividades com as bandeirolas e o código de semáfora? Poderia trabalhar com sua turma na quadra, na praia, no campo... transmitindo, recebendo, calculando... seriam atividades lúdicas, interessantes e interdisciplinares.

Bibliografia

BAXTER, M. *Projeto de produto. Guia prático para o design de novos produtos.* 2ª. ed., 1ª. reimpressão, Edgard Blücher LTDA. São Paulo, 2001.

BOLT, B. *Uma Paródia Matemática.* Lisboa: Gradiva, 1997.

BOYER, C. B., *História da Matemática***.** Edgar Blücher: SP, 2001

BRASIL, RPM, *Revista do Professor de Matemática.* Volumes 12, 15, 31, 34, 39, 41 e 45. Sociedade Brasileira de Matemática.

BUCHMANN, J. *Introdução à Criptografia.* São Paulo: Berkeley, 2002.

BURNETT, S. **& PAINE,** S. *Criptografia e Segurança: o Guia Oficial RSA.* São Paulo: Campus, 2002.

CARVALHO, B. A. *Desenho Geométrico*. 13ª reimpressão 1985, Ao Livro Técnico. Rio de Janeiro, 1985.

GARDNER, M. *Divertimentos Matemáticos.* São Paulo : IBRASA, 1998.

GUELLI, O. *Contando a História da Matemática – vol* 2**.** Ática: SP, 1999.

INTERNET:

http://geocities.yahoo.com.br/gastaocunha/quadrmag1.htm

http://matematica.com.sapo.pt/

http://nautilus.fis.uc.pt/mn/p_index.html

http://www.numaboa.com.br/criptologia

http://www.utm.edu/research/primes/largest.html

http:// www.apm.pt

http://www.matematica.br/historia

http://www.educ.fc.ul.pt/docentes/opombo/hfe/momentos/museu/astronomia.htm

http://www.sobiografias.hpg.com.br

http://www.sobiografias.hpg.ig.com.br/

JORGE, M; **WAGNER,** E; **MORGADO,** A.C. *Geometria II.* Rio de Janeiro: Francisco Alves, 1974.

MARTINI, R. *Criptografia e Cidadania Digital.* Rio de Janeiro: Ciência Moderna, 2001.

PAPERT, S. *A Máquina das Crianças.* Porto Alegre: Artmede, 1994.

PAPPAS,T. *Fascínios da Matemática,* Lisboa : Replicação,1995.

PROVIDÊNCIA, N B. *Matemática ou Mesas, Cadeiras e Canecas de Cerveja.* Lisboa: Gradiva, 2000.

Revista Eureca Especial . Globo. Rio de Janeiro. Globo, Rio de Janeiro, 2003.

SAMPAIO, F A. *Matemágica: História, Aplicações e Jogos Matemáticos.* São Paulo: Papirus, 2005.

TAHAN, M. *Matemática Divertida e Curiosa.* Rio de Janeiro: Record, 1991.

TERADA, R. *Segurança de Dados: Criptografia em Redes de Computadores.* São Paulo: Edgard Blucher, 2000.

Anotações

MatemaTruques

Matemática recreativa para as aulas da escola básica

Autor: Ilydio Pereira de Sá
160 páginas
1ª edição - 2017
Formato: 16 x 23
ISBN: 9788539909131

O QUE SÃO "MATEMATRUQUES"?

São atividades conduzidas para surpreender, provocar e divertir o leitor (ou espectador), baseadas apenas em propriedades elementares da Matemática.

E PARA QUE SERVEM OS "MATEMATRUQUES"?

Para despertar a curiosidade, desafiar, gerar interesse pela explicação dos "truques", revisitando conceitos fundamentais da Matemática de forma simples e descontraída.
Para auxiliar o professor da Escola Básica no preparo de aulas lúdicas e, ao mesmo tempo, eficientes.
Para subsidiar educadores em geral, na perspectiva da Matemática Recreativa, servindo de apoio para o preparo de aulas divertidas e instigantes com conteúdo matemático.
Para desenvolver o raciocínio lógico e matemático.
Para animar conversas entre amigos, e --- por que não? --- simplesmente para fazer feliz o leitor.

À venda nas melhores livrarias.

Matemática Financeira para Educadores Críticos

Autor: Ilydio pereira de Sá
200 páginas
1ª edição - 2011
Formato: 16 x 23
ISBN: 9788539900428

Sabemos da necessidade de contextualização nas aulas da Educação Básica. Ocorre que a Matemática Financeira, tão presente no dia-a-dia de todos, ausenta-se dos livros didáticos, da formação dos docentes e, por conseguinte, das salas de aula.
O texto prioriza o contato com temas práticos como inflação, perdas e ganhos salariais, imposto de renda, financiamentos, cheques especiais, empréstimos e outros. Todos esses temas são relacionados com os conteúdos clássicos da Matemática Escolar, como progressões, logaritmos, proporções, médias, funções, equações polinomiais, etc.
Respaldado pelo referencial da Educação Matemática e da Educação Crítica de autores como Ubiratan D'Ambrósio, Paulo Freire e Ole Skovsmose, o autor não pretende trazer mais um livro com conceitos e fórmulas prontas, mas priorizar a abordagem conceitual e crítica da Matemática Financeira, ressaltando sua importância na construção da cidadania.

À venda nas melhores livrarias.

Matemática [illegible] para Educadores Críticos

A Magia da Matemática
3ª Edição

Autor: Ilydio pereira de Sá
200 páginas
3ª edição - 2011
Formato: 16 x 23
ISBN: **9788573939415**

"A magia da Matemática: atividades investigativas, curiosidades e histórias da Matemática" é um livro destinado a:

· Pessoas que gostam da Matemática;
· Pessoas que odeiam a Matemática;
· Profissionais de Educação Matemática;
· Licenciandos de Matemática e ciências afins;
· Alunos dos cursos de Formação de Professores.

O livro pretende mostrar - através de atividades lúdicas, histórias sobre a Matemática e os matemáticos, desafios diversos e estudo de importantes conteúdos matemáticos - que a Matemática não é uma ciência difícil, árida, pesada, pronta, sem utilidade ou destinada apenas a um seleto grupo de "iniciados". A Matemática é para todos e pode ser estudada (e entendida!) de forma agradável e contextualizada.

O autor, com mais de 35 anos de experiência em classes da Educação Básica e do Ensino Superior, é doutorando em Educação Matemática e tem se dedicado, entre outras atividades, à formação de profissionais da Educação Matemática.

À venda nas melhores livrarias.

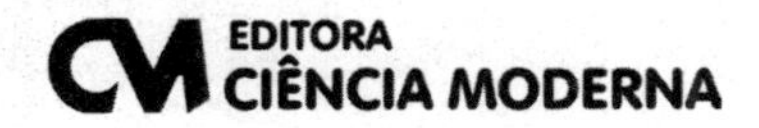

Curso Básico de Matemática Comercial e Financeira

Autor: Ilydio Pereira de Sá
240 páginas
1ª edição - 2008
Formato: 16 x 23
ISBN: 9788573937398

Este livro aborda em linguagem simples os principais conceitos da Matemática Comercial e Financeira, é indicado para Economistas, Administradores de Empresa, Professores, Empresários, Estudantes e Candidatos aos diversos Concursos Públicos do País. O autor utiliza-se de exemplos do mercado financeiro brasileiro, sem o uso excessivo de fórmulas, analisando sempre os conceitos matemáticos envolvidos em cada tópico estudado.

Na primeira parte, visando os candidatos aos diversos concursos públicos do país, são apresentados todos os conceitos básicos da Matemática Financeira com utilização apenas de tabelas financeiras (como é cobrado nesses exames). Na segunda parte, visando os profissionais que precisam da Matemática Financeira, todos esses procedimentos são repetidos com o uso da calculadora HP 12C. Em todos os capítulos são apresentadas questões resolvidas e questões propostas, todas com gabarito, incluindo questões de concursos públicos recentes. Mais informações em nosso site www.lcm.com.br

---

À venda nas melhores livrarias.

Raciocínio Lógico

Autor: Ilydio Pereira de Sá
224 páginas
1ª edição - 2008
Formato: 16 x 23
ISBN: 9788573936995

O candidato que se prepara para um concurso encontrará um texto objetivo que apresenta tudo o que deve ser apresentado, de uma maneira diferenciada, que certamente se perpetuará sobre a própria preparação do candidato. É pouco provável que, ao ler "Raciocínio Lógico: concursos e formação de professores", o leitor se sinta inseguro.

Os alunos de graduação e pós-graduação na área de educação matemática encontrarão um texto rico, recheado de bons motivos para discussões. A enorme experiência do professor Ilydio na área de formação de professores se torna mais aparente e um lindo livro, bastante diferente daqueles livros clássicos sobre Lógica e Teoria dos Conjuntos elaborados durante o movimento da Matemática Moderna. Mais Informações em nosso site www.lcm.com.br

À venda nas melhores livrarias.

Impressão e acabamento
Gráfica da Editora Ciência Moderna Ltda.
Tel: (21) 2201-6662